储罐管理与安全防护一体化

赵永涛　王占生　主编

石油工业出版社

内 容 提 要

本书简单概述储罐的现状、概念、分类与适用范围，详细介绍储罐的结构与附件，阐述储罐运行管理及维护修理，检测与检修，沉降，日常检测方法与维护，以及储罐防火与火灾对策。

本书可供需要了解储罐管理及安全防护的管理人员参考使用。

图书在版编目（CIP）数据

储罐管理与安全防护一体化 / 赵永涛，王占生主编
.—北京：石油工业出版社，2021.1

ISBN 978-7-5183-4348-5

Ⅰ.① 储… Ⅱ.① 赵… ② 王… Ⅲ.① 储罐－安全管理 Ⅳ.① TE972

中国版本图书馆 CIP 数据核字（2020）第 220489 号

出版发行：石油工业出版社

（北京安定门外安华里2区1号　100011）

网　址：www.petropub.com

编辑部：（010）64210387　　图书营销中心：（010）64523633

经　销：全国新华书店

印　刷：北京晨旭印刷厂

2021年1月第1版　2021年1月第1次印刷

787×1092毫米　开本：1/16　印张：12.75

字数：270千字

定价：78.00元

《储罐管理与安全防护一体化》
编 委 会

前 言
PREFACE

储罐是原油、中间油、成品油、化工原料和石化产品等储存、分离、外输、中转的重要设备，其内存储的介质大多具有易燃易爆、易挥发、有毒的特性。近年来，随着石油工业的蓬勃发展，中国储罐的建设速度大幅提升，尤其是在沿海各省份新建设了许多大型储罐用作国家战略石油储备。储罐对于石油工业的重要性不言而喻，不过屡次发生的安全事件，引起了人们对储罐安全问题的强烈重视，对储罐设施的安全性、可靠性也提出了越来越高的要求。

在此背景环境下，编者根据自己多年从事原油储罐的研究工作，写成《储罐管理与安全防护一体化》一书，阐述了储罐方面的基本概念以及最新的工程方法。本书从储罐及其各类附件的相关介绍、储罐日常的维护与检测方法，到储罐的相关安全问题作了详尽地论述，力求让读者对储罐有一个基本的了解。书中的储罐检测与整修方法、基础沉降评定方式以及防火和火灾对策已经在工程中有了大量的应用。本书是一本储罐及其安全方面的通识书，亦是一本有关储罐的专业书籍，希望本书的出版能够为对储罐安全等方面感兴趣的学生和从事储罐日常管理和维护的学者、工程师提供一些参考价值。

本书共9章，其中第1章和第4章由赵永涛编写，第2章由王占生编写，第3章由张昱涵编写，第5章由关国伟编写，第6章由张雪编写，第7章由樊国涛、张金池、陈东风、闫沛毓、宋福党、唐维琴、和宁宁等人编写，第8章由武壮、李栋、邵雪微、林聿明、赵星有、刘文才、孙文勇等人编写，第9章由罗方伟、朱立业、胡滨、孙宁、胡兴、尚路野、刘剑锋等人编写，全书由赵永涛和王占生统稿。

本书在编写过程中参阅了大量的相关资料，在此，谨对原作者表示真挚的感谢。由于编者水平有限，书中难免出现不足之处，热忱希望各位读者批评指正。

目 录
CONTENTS

4 储罐的运行管理及维护修理

5 储罐的腐蚀防护及保温

6 储罐的检测与检修

7 储罐的沉降

8 储罐日常检测方法与维护

9 储罐防火与火灾对策

1 绪　论

1.1　储罐建设现状与发展趋势

石油的开采、炼制、消费离不开油库，油库的主体设备是储罐。随着中国石油化工的不断发展，国家原油战略储备及商业储备库项目的实施，储罐发展逐步趋于大型化。

最初发现石油时，储油容器极为简单，利用土坑、陶器等储油，后来曾采用过内涂石膏的皮囊，也使用过石头或砖砌筑的坑穴。钢材作为储油容器在油库中使用是在 19 世纪 70 年代，最初的容积只有几升、几十升，后来由几立方米到几百立方米。改革开放以来，随着国民经济的持续高速发展，中国对石油的需求也快速增长。而中国东部各油田已处于开发的后期，产量逐年下降；西部各油田上产较慢，因此，中国的石油进口量也剧增。目前，美国、中国、日本是世界三大石油进口国。由于海运是石油运输的主要方式，所以除在沿海口岸建造停泊的码头外，尚需建造大量的输油中转设施，大型储罐则是其中重要的设备。美国、日本、德国等为应对异常，保证本国的政治、经济稳定，均建有大型石油战略储备库，制定有石油储备法。美国、德国的石油储备量为 90 天的原油进口量，日本远高于美国和德国，达到 160 天。而中国的石油储备量虽无正式官方数字，但多数专家估算远低于上述国家。因此，从国家生存发展角度考虑，中国必须居安思危，建立石油储备库，以应对突发事件，且有必要尽快制订石油储备法。

自 20 世纪 60 年代大庆油田发现以来，中国的石油储罐建设也随之有了迅速发展，不但建造了许多较小直径的储罐，而且随着当时社会环境要求建造了一些地下储罐和半地下储罐。

20 世纪 70 年代后期至 80 年代，中国政治经济形势发生了翻天覆地的变化，石油工业迅速发展，石油储罐建设可以说是突飞猛进。首先，从分布地域上来看，原来的油气田及炼油厂、石油化工厂均在内地，储罐也建在内地。随着改革开放政策的实施，中国石油进出口量增大。再加海上石油的开采，使石油储罐建设在沿海地区得到迅速发展。其次，石油储罐的容积也不断向大型化发展。自 1985 年从国外引进 $10 \times 10^4 m^3$ 浮顶储罐的设计和施工技术后，陆续在大庆、秦皇岛、仪征、黄岛、舟山、铁岭、大连、上海、镇海、燕山等地又建造了 80 多台 $10 \times 10^4 m^3$ 浮顶储罐，并且自行设计建造了茂名石化北山岭 2 台 $12.5 \times 10^4 m^3$ 浮顶储罐。

1962 年，美国首先建成了 $10 \times 10^4 m^3$ 浮顶储罐；1967 年，委内瑞拉建成了 $15 \times 10^4 m^3$ 浮顶储罐；1971 年日本建成了 $16 \times 10^4 m^3$ 浮顶储罐，其直径达 110m、高 22.5m；沙特阿拉伯则成功地建造了 $20 \times 10^4 m^3$ 浮顶储罐。根据有关资料分析：采用大容量储罐具有节省钢材、减少占地面积、方便操作管理、减少储罐附件和管线长度、节省投资等优点。但最

为经济的是 $12.5 \times 10^4 m^3$ 浮顶储罐，$15 \times 10^4 m^3$ 和 $10 \times 10^4 m^3$ 次之，$5000 m^3$ 储罐的经济性最差。因而，中国的大型储罐建造应以 $12.5 \times 10^4 m^3$ 为首选对象，其他储罐建造应结合工艺条件要求，尽可能避免建造 $5000 m^3$ 及以下的小容积储罐。

有关学者将中国大型储罐（以 $10 \times 10^4 m^3$ 浮顶储罐为代表）建造技术发展分为三个阶段：第一阶段为整体技术引进，包括材料、设计技术和施工技术，如 20 世纪 80 年代中期在大庆、秦皇岛建造的 $10 \times 10^4 m^3$ 浮顶储罐；第二阶段实现设计和施工技术国产化，仅进口高强度钢材，如 20 世纪 90 年代在上海、镇海、黄岛等地建造的 $10 \times 10^4 m^3$ 浮顶储罐；第三阶段实现设计技术、施工技术和高强度钢材全面国产化，如在北京燕山石化公司建造的 4 台 $10 \times 10^4 m^3$ 浮顶储罐。因此，可以乐观地认为，中国大型储罐的建设已经起步，正在进入一个快速发展阶段。

1.2 储罐的概念、分类与适用范围

1.2.1 储罐的概念及相关术语

1.2.1.1 储罐的概念

储罐是储油的大型容器。它是油库的核心设备，一般占油库总投资的 40%～60%，在油库总平面布置时是首先考虑的重点，也是油库安全保护的重点对象。同时，储罐在国民经济发展中具有重要作用。特别是石油、石化企业，没有储罐，就无法组织生产。储罐是储运单元储备原料、油品调合和成品油输转的重要设备。无论是陆地或海洋原油开采，还是炼油厂油品的存储；无论是长输管线的泵站、运销油库和军用油料油库，还是国家物资储备与战略储备，均离不开各种容量和类型的储罐。

1.2.1.2 储罐的相关术语

储罐的大部分概念比较明确，只有储罐的容量、名称多，概念不清，容易混淆。现将关于容量的术语介绍如下。

（1）设计容量、理论容量、计算容量。

这三种述语虽叫法不同，但含义是相同的，是设计者根据设计任务书的要求，设计计算出的储罐的容积，是储罐横截面积乘以罐壁高度所得的体积，如图 1.1（a）所示。

（2）实际容量、安全容量、储存容量。

这三种述语虽叫法不同，但含义是相同的。为了保证储罐的安全，储罐在实际使用中并不能装到上边缘，一般留出一定的距离 L。距离的大小根据储罐的种类以及安装在罐壁上部的设备决定。储罐的设计容量减去 L 长度所占的体积即是实际容量，如图 1.1（b）所示。

（3）作业容量、使用容量、周转容量。

这三种述语虽叫法不同，但含义是相同的。储罐在使用时，出油管下部的油品并不能发出，成为储罐的"死藏"。因此，储罐在使用操作上的容量比实际容量要小，其容量是实际容量减去"死藏"部分所占的体积得到的。"死藏"部分的大小由出油管的高度决定，如图 1.1（c）所示。

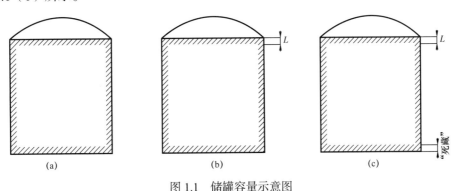

图 1.1　储罐容量示意图

（4）工程容量、名义容量、标准容量、系列容量。

这四种述语虽叫法不同，但含义是相同的。这些容量是储罐容量的一系列规定的数值，以便于储罐容量的标准化，为了使用方便，通过对储罐体积圆整后而得的，例如 5000m³、10000m³ 等。一般设计者计算出储罐容量并不是整数，所以需要圆整，通过圆整后的数字来确定储罐的公称容积。

1.2.2　储罐的分类

储罐的分类尚无统一规定，常用的分类方法有按照安装位置、护体结构、建筑材料、几何形状 4 种分类方法，其中以几何形状分类使用较多，如图 1.2 所示。

1.2.3　各种储罐的适用范围

油库建设选择储罐类型时，应综合考虑油库类型、油品类型、周转频繁程度、储油容量、建设投资和建造材料供应情况等多种因素。从储罐安装位置考虑，民用中转油库、分配油库及一般企业附属油库，宜选用地上储罐；要求隐蔽或要求具备一定防护能力的油库，如国家储备油库、某些军用油库，宜选用山洞储罐、地下储罐或半地下储罐。油罐建筑材料，一般应选用钢材，只在建造钢储罐确有困难时，才考虑选用小型非金属储罐。从储罐的几何形状考虑，挥发性较低或不挥发的油品，宜选用拱（固定）顶储罐；易挥发油品，如原油和汽油，宜选用外（内）浮顶储罐或其他变容积罐，如果要求储量较大且周转频繁时应优先选用浮顶（内浮顶）储罐。

1.2.4　储罐类型选择

1.2.4.1　储罐尺寸选择

储罐选用时，应本着结构安全、耗材量少、节省经费的原则，通过全面技术经济指标比较，选取经济合理的储罐尺寸。

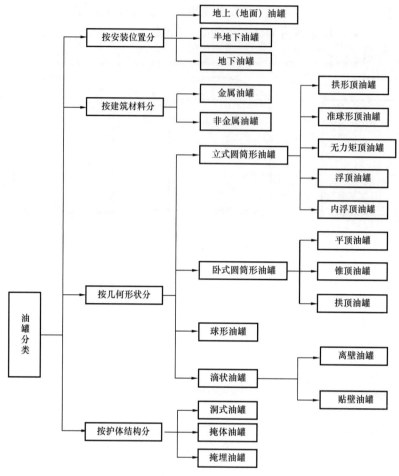

图 1.2　储罐分类图

（1）高度、直径的确定。

一定容量下的储罐，通常按照储罐的直径与高度的组合确定，但不同的直径和高度有多种组合，研究表明，储罐的尺寸在下列情况时材料最省或费用最低（不考虑地基），见表 1.1。

表 1.1　材料最省费用最低储罐尺寸表

储罐形式	材料最省的尺寸	费用最低尺寸
敞口小容量储罐	$H \approx R$	$H \approx R$
封闭小容量储罐	$H \approx 2R$	$H \approx 2R$
封闭大容量储罐	$H \approx (\alpha\lambda)^{\frac{1}{2}}$	$H \approx \dfrac{(C_2 + C_3)}{2C_1 \times R}$

注：H 为有关高度，R 为储罐半径。$\lambda = \delta_1 + \delta_2$，$\delta_1$ 为罐顶厚度，δ_2 为罐底厚度。C_1、C_2、C_3 为罐壁、罐底、罐顶单位面积每年平均费用。

$$\alpha = \frac{[\sigma]\phi}{\gamma} \qquad\qquad （1.1）$$

式中　$[\sigma]$——钢材许用应力；

　　　ϕ——焊缝系数；

　　　γ——储液重度。

（2）拱顶、准球形顶的曲率半径。

在气体压力的作用下，拱顶、准球形顶和罐壁的厚度相同时，准球形顶的强度是罐壁强度的2倍，为了使其强度相同，罐顶的半径 R 应接近于储罐的直径 D，一般取

$$R=（0.8\sim1.2）D \qquad\qquad （1.2）$$

拱顶通过包角钢和罐壁相连接。为了减少罐顶和罐壁连接处的外缘径向应力，准球形顶和罐壁用小圆弧均匀调整转角方式连接，其曲率半径 ρ 取

$$\rho=0.1R \qquad\qquad （1.3）$$

为了简化储罐设计，加速油库建设，便于订货、施工、管理，同一油库应尽量选用同形式、同容量的定型钢制储罐。

1.2.4.2　基础费用与消防

（1）基础费用。

随着储罐向大型化发展和土地使用费用的增高，在储罐选型中必须重视基础费用的投入，因为在大型储罐建设中基础费用已经占有相当比例，不能简单地以高度与直径的比值确定储罐的基本尺寸。

（2）消防灭火。

大型、特大型储罐的消防灭火比较困难，这个问题已经成为储罐大型化发展的一个瓶颈，因此在储罐选型时必须同时考虑消防灭火。

1.2.4.3　储罐控制压力的选择

在 GB 50341—2014《立式圆筒形钢制焊接油罐设计规范》中规定了储罐设计内压、外压两个方面的要求。

（1）固定顶的控制内压要求如下。

① 柱支撑锥顶储罐的控制内压不应超过罐顶板单位面积的重量。

② 自支撑拱顶储罐和自支撑锥顶储罐的控制内压采用1.2倍呼吸阀开启压力减去罐顶单位面积重量。

③ 内浮顶储罐固定顶的控制内压为零。

（2）固定顶储罐的控制外压，取储罐顶自重与附加荷载之和。

① 罐顶自重：当储罐顶有隔热层时，罐顶自重应计入隔热层的重量。

② 附加荷载：取 1.2 倍呼吸阀的开启压力和活荷载之和，活荷载是雪荷载与检修荷载两者中的较大值。在任何情况下，固定顶储罐的罐顶附加荷载不得小于 $1.2 \times 10^7 \mathrm{Pa}$，内浮顶储罐的罐顶附加荷载不得小于 $7 \times 10^6 \mathrm{Pa}$。

1.2.4.4 国内储罐常用控制压力

储罐的控制压力是根据储罐本身的设计允许承受压力来定的，因储罐不同而有所区别，常用储罐的允许承受压力见表 1.2。

表 1.2 各类储罐设计允许承受压力表

储罐类型	设计允许承受压力（正压）		设计允许承受真空度（负压）	
	以 $\mathrm{mmH_2O}$ 计	以 kPa 计	以 $\mathrm{mmH_2O}$ 计	以 kPa 计
地上立式储罐	20～25	0.196～0.245	20～25	0.196～0.245
半地下立式储罐	200～400	1.96～3.92	20～25	0.196～0.245
卧式储罐	2500～5000	24.5～49.0	200～400	1.96～3.92
准球形顶立式储罐	200	1.96	60	0.588

② 安全文化

2.1 安全文化概念

2.1.1 安全的概念

针对安全的概念需要先了解和安全相关的概念。事故是指生产经营单位在生产经营活动，包括以生产、经营相关的活动中突然发生的人身安全和健康危害，或者损坏设备设施、造成经济损失，导致原生产经营活动暂时中止或永远终止的意外事件。风险是指某事物在一定的条件下，未来遭受某种非期望损害的一种现象。危险是指某事物可能使其他事物或者自身遭受某种非期望损害的一种客观的状态或条件。因此可以得出安全是指具有特定功能或属性的事物，在外部因素以及自身行为的相互作用下，足以保持其正常的完好的状态，以免遭非期望损害的一种状态。针对组织能不能够安全生产或者个人能不能够安全生产，其实都可以从内外两个方面去分析，比如组织面临的外在威胁例如不良的自然条件（工厂建在山坡下面、加油站最开始建的时候周围无人，随着城市的发展就很多的居民等）、不良的监管环境、不良的竞争等。组织面临着一些内在的一些问题例如企业内部设备布局是否合理、工艺技术水平程度等。针对员工面临的外在威胁比如操作的设备是不是本质安全、企业的劳动组织是否合理、企业有没有给员工提供适当的生产条件、有没有适当的防护等。对于员工的内在的问题比如说身体是否健康、心理状况怎么样、有没有相应的安全知识、有没有相应的一些不良的行为习惯等。

综上所述得出以下结论：风险辨识是安全工作真正的开始；风险控制是安全工作真正的核心；安全管理其实就是风险管理，安全意识其实就是风险意识，以上就是从风险的角度去理解安全。

2.1.2 文化的概念

文化是人类在社会历史发展过程中所创造的物质财富和精神财富的总和。概念本身没有错但是对于企业建设安全文化却没有帮助，对此需要从一个中性的角度去理解文化。那针对文化理解有人表示知识就是文化，但有知识不一定有素质所以不能以知识来表示文化；有人表示还需加上个人行为，但是行为存在不稳定性；有人表示还需加上氛围，但知识加氛围不一定可以转换为相应的行为，因此有人提出了知识是文化的基础，行为是文化的反应，氛围是文化的保障，理念才是文化的根源。

以下介绍美国文化专家对文化内涵的表述。第一，文化是包括行为的模式和指导行为的模式，即行为的方式、行为习惯和个人的思维方式。第二，无论内涵或者外延皆由后天学习而得，比如黄河是自然形成本身不是文化，但是黄河周围的人民世世代代繁衍生息，使得人的行为方式和思维模式存在共同性，因此创造了属于自己的文化，所以称之为黄河文化。第三，行为模式物化于人工所创的物当中，因此这类制品也属于文化。那么最典型可以指酒文化，比如酒的樽、爵等。第四，历史上形成的价值观是文化的核心，不同质的文化可以根据价值观的不同来进行判断区分。例如美国好莱坞把中国木兰辞做成一个动画电影，但是同样的一个内容却对木兰从军有不同的解说。中国的木兰替父从军凸显中国文化的孝道，但是在西方花木兰反映的是女性的个性解放，追求自己的爱情、自由。所以同样的东西，从不同的方向去解读会发现它的区分，其根本在于价值观的不同。第五，文化系统是限制人类活动的原因又是人类活动的产物和结果。对此有个典型的例子即为印度教，印度教的核心部分在于把人分为几个不同的种姓，其中婆罗门为较高的种姓，因此也不会从事清洁工、扫厕所等职业。在印度本国氛围当中这样的想法是很正常的，但是当一个婆罗门移民到了美国，尽管经济可能很拮据，但也绝不打扫自己家里的卫生，因为个人觉得作为高贵的婆罗门是不能去干这种低贱的工作，所以文化系统是限制人类活动的原因又是人类活动的产物和结果。

综上所述，文化由理念层、制度层、行为层、器物层，器物层组成即物化于人工制品当中，融入于理念和制度来指导行为模式，形成文化的结果。所以从以上角度去理解并对文化下一个中性的定义，即文化是指一个群体所共同持有的价值观。

2.1.3　安全文化的概念

安全文化概念是源于切尔诺贝利核灾难事故，事故导致了 27 万人致癌、9.3 万人死亡、善后花费数百亿，消除后遗症需要 800 年的时间，爆炸时泄漏的核燃料浓度高达 60%，直至事故发生后 10 昼夜后反应堆才被封存，发生事故 3 天后附近的居民才被撤走，放射性的污染源布及了苏联的 $15 \times 10^4 km^2$ 的地区住着的 694.5 万人，30km 范围之内被划为隔离区，周围 7000m 内的树木都逐渐的死亡，日后长达半个世纪的时间 10km 范围内将不能再耕作放牧，事故后的 7 年当中 7000 清理人员死亡，其中 1/3 是自杀，有 40% 的人患了精神疾病或者永久性记忆丧失。时至今日，参与救援工作的 83.4 万人当中，已有 5.5 万人丧生、7 万人成为残疾、30 多万人受放射伤害死去。那么事故到底是怎么发生的呢？通过调查发现因为当时员工在做一个实验，但是由于自动安全系统特别灵敏只要有一点变化安全系统就启用，所以实验人员就将其关掉，并且发现安全规则要求的控制杆数量最少要 30 个，但是因为操作人员的经验丰富只开启了 6 个控制杆。加上实验开始存在延迟过程、本身反应堆设计上有缺陷、建厂时反应堆周围没有任何作为屏障用的安全设施等原因而造成这起事故。对此国际原子能机构提出这是人因事故，并且首次提出了安全文化的概念，即安全文化是存在于单位和个人中的种种素质和态度的组合，它建立一种超出一切之上的观念。即核电厂的安全问题，由于它的重要性，要保证得到应有的重视。中国在国家标准角度对安全文化进行了定义，它是对企业的员工群体所共享的价值观、态度、道德和行为规范组成的统一体，指出了安全文化的一个建设的基本目的在于单位和个人两个层次。但是这个概念在实际使用的时候在于企业所接受、所理解存在困难。因此对于企业实际工作过程中又有了一个新的定义，即安全文化是指被企业的员工群体所共享的安全价值观体系和体现出来的安全意识、安全能力、安全习惯和环境氛围组成的统一。这句话前部分是指个人，后部分环境氛围指的是组织部分。进一步的理解以上概念，上述说讲的一切行为的根源是来自于它的价值观、来自理念，理念分为组织层面和个人层面，对此存在组织层面的响应和个人层面的响应。组织的理念指组织的安全氛围的建设，个人的理念影响着个人的安全的形成即为安全意识、安全能力和安全习惯。组织的安全氛围会影响个人的素养，反过来个人的安全素养，尤其是核心人员的安全素养也会反过来影响组织安全氛围体系的形成。

以上就是本章对于安全文化的理解，总结为三点：第一，人因控制是安全文化的作用中心，整个安全文化是紧紧围绕着人去展开。第二，避免人因错误或失误是安全文化的目的，每个人都应该做自己应该做的事情，不做不应该做的事情，人人都知责履责并且尽责。第三，安全文化由组织和个人共同缔造。

2.2 安全文化建设

管理有以下阶段的划分：第一，体系化阶段，即安全管理作为一个系统首先要考虑责任的划分、风险的辨识，对于各个作业业务系统有基本流程、操作规程、安全检查、安全考核等并且已经对此构成体系。第二，标准化阶段，就个人的行为进行预测，对此需要通过标准化来解决问题，比如进行检查的时长、安全检查的分类、检查的人员等。第三，精细化阶段，针对原来过于粗放的检查方式指定更加详尽的方法。第四，人文化阶段，通过和员工进行沟通理解并发现隐患背后个人的行为、思想上的认识等。以上就是管理发展的基本规律，从以上的规律可以得出安全文化建设就是对安全系统的人文化的主动的干预。因此对于安全文化建设的理解也可以从以下几个部分去理解：第一，文化的功能。第二，安全文化建设的目标。第三，安全文化建设的本质。

2.2.1 文化功能

文化的功能可以分为五个部分：第一，导向功能，指文化潜移默化地影响人们的价值取向和行为取向，当一种价值观深入人心时，就会产生强大的、持久的行为驱动力。第二，激励功能，马斯洛把人的需求分为五个层次。最基层的是生理和安全的需要，再到后面是社交的需要，最后是尊重和自我实现。对于生理的需要、安全的需要可以通过物质的方面去满足，但社交尊重和自我实现的需求更多的是要靠文化激励来满足，比如榜样、荣誉称号等。第三，约束功能，指通过文化氛围、群体行为、社会舆论、道德、道德规范、风俗习惯等实现软约束。第四，同化功能，文化可以产生向心力、凝聚力，每个人都向认同的价值取向靠近并且个体会受到群体的影响。第五，传承功能，管理的约束功能有引导功能，但传承功能是文化所独有的，是具有辐射性、弥漫性等特点。文化可以靠有形和无形的载体获得传承，例如说各种各样的仪式、风俗、艺术形式、文字、器物等，亦或中国人在腊月二十三号那天要去拜灶王爷其实也是传承等。文化独有的传承功能可以做到管理所无法做不到的事情，并且文化是自觉的、自动的、长期的，是成本极低地对人进行约束。

对文化功能有以下几个总结：第一，文化对个体行为具有导向、约束、激励、同化和传承，其中传承功能是文化区别于管理的非常核心的功能。第二，文化建设需要借助管理和技术手段。第三，文化决定制度和技术的发展，制度和技术又反过来影响文化的建设，并且文化具有比技术管理更为持久的约束力。

2.2.2　安全文化建设的目标

通过安全技术、安全管理、安全培训和安全文化的目标去理解安全文化建设的目标。第一，安全技术是通过提升设备设施和环境来保证安全，达到预防事故、减少伤害的目标。第二，安全管理通过落实责任、规范行为提升整个安全生产系统的营运水平从而达到预防事故、减少伤害的目标。第三，安全培训是提升劳动者知识和技能来达到预防事故、减少伤害的目标。第四，安全文化是通过改变人的观念，提升人的意识，改变人的态度，培养人的行为习惯来达到预防事故、减少伤害的目标。以上所有的核心目标都是要预防事故、减少伤害，只不过所实行的路径有所不同，但是核心在于的是改变人的态度、提升人的意识、培养人的行为习惯来达到预防事故、减少伤害的目的。

为了进一步理解概念的意思，介绍了如下南方一个供电局未遂事件案例。在 2013 年11 月 13 日的上午，某供电分局的运检组在进行公用台变调整抽头工作过程当中，在公用台变用梯子登高上台挂接高压接地线之前，作业人员对竹梯进行外观检查良好之后开始登梯作业。在登到竹梯的第三级时，竹梯横级突然滚动导致作业人员打滑，幸好作业人员抓住了竹梯两边而且所登高度不高，没有造成人员的伤害。对此进行事故分析，首先由于竹梯滚动导致的未遂事故，因为人员反应快而使得事故没有造成严重后果。事故的直接原因是竹梯发生滚动，那么为什么竹梯会滚动？是因为插销松脱所以会滚动，那么为什么人员反应快没有造成事故？是因为他没有违章作业。事故的间接原因是因为各种隐患比如说检查不认真、工作负责人交代工作不具体、工作负责人对工具器的日常管理不到位等而造成的，那么造成这些隐患的根本性原因有哪些？第一，工具器检查标准不明确，企业的标准并没有详细说明竹梯该怎么检查，没有明确的标准。第二，检查的方法培训不足，没有明确告诉员工该怎么检查，比如是否需要用手，每一个横级是否要去转动。第三，员工没有养成良好的工作习惯。第四，管理人员责任心不足等，所以可以得出一个结论，人是产生事故的根本原因。

从这个案例分析当中可以看出来安全技术、安全管理、安全培训和安全文化其实是有很大的不同。安全技术是解决设备和环境的本质安全问题来达到预防事故；安全管理比如风险管理体系、安监体系、安全标准化体系等通过提供方法论和解决方案来解决问题；安全培训注重个人安全能力的提高来达到预防事故；安全文化更加注重是价值观和行为作风的问题即检查是否认真、执行是否到位，是否按照体系的要求、管理的要求、规程的要求不折不扣地去进行，甚至做得比标准的要求更高。所以安全文化、安全管理、安全技术和安全文化目标一致，但是作用方式不同。对于安全文化建设的目标其实就是通过提升人的观念，提升人的意识，改变人的态度，培养人的行为作风，且达到预防事故、减少伤害的目的。

2.2.3　安全文化建设的本质

前一节提到安全文化的内涵是指安全文化是被企业的员工群体所共享的价值观体系和体现出来的行为方式、安全能力、安全习惯和组织的环境氛围组成的统一体，对此可以从两个方面进行理解。第一，从横向上，安全文化需要组织和个人共同缔造，安全文化建设不仅仅指员工该做什么不做什么，组织也需要参与。相反也不仅仅指企业出台各项要求、规定而员工没有更有效地参与，所以需要始终牢记安全文化的两层响应。对于组织的响应是由和安全有关的政策和管理者相关的行动所共同确定的，对于个人的响应是全员对体制的态度以及响应行动，表现在员工是不是认同组织的这种要求，是不是以实际行为不折不扣地执行这些要求。第二，从纵向上，安全文化有三个层次即为表层、中层和深层。表层是外在的部分，比如说企业的厂容厂貌、生产环境、秩序等，中层即为看不到的部分决定了员工的行为，决定企业的安全管理体制包括企业组织内部的组织结构、管理部门分工、法规制度建设等。深层的是指沉淀于企业以及职工心灵当中安全意识形态即为价值观。通过以上可以得出安全文化建设就是共建价值观，通过影响人的态度、改变人的行为、营造良好的氛围，使人悟安全、能安全、会安全，能持续安全的这样一个过程。途径在于首先让企业的安全理念和员工的安全观念能够保持一致让员工悟安全，从而养成良好的安全的态度，其次知道所有的要求、规章都是对自身行为的约束其实是保护，有了良好的态度那接下来学习知识和技能就会顺利。在有了良好的态度又有了相应的知识和技能，再加上整个氛围的提炼，个人就会养成良好的行为习惯就保证他能安全，但是能不能持续的安全还取决于整个安全文化的大环境，如果一个人很守规矩、循规蹈矩、遵章守纪，但整个外部的风气是以不遵章为荣、遵守规章为耻，那么他的行为习惯也很难持续，所以环境氛围才能保证员工能够持续的安全。

接下来从安全文化建设和管理、技术或者其他和安全相关的各个层面进一步理解安全文化建设的本质。第一，安全文化建设与管理的关系。人的社会属性是文化的产物，人治、法治都不如文治，文治要靠正话引导需要管理的干预，管理的本质是降低风险，绝大多数风险都是人制造出来的，人的行为和态度失控需要靠文化来引导和约束。第二，安全工程技术与文化建设的关系。安全工程技术是控制风险的重要对策，本质安全是安全科技发展的不懈追求，科技的高速发展伴随着新的风险，安全科技发展往往滞后且不稳定不能满足安全需求，人的可靠性提高才能真正实现真正的本质安全。本质安全其实还有其他说法为人的本质安全或者本质安全型人，前面提到的都是设备的本质安全或者物的本质安全，目标都是指向本质安全，但是前者是针对设备环境，后者针对物也是针对人。第三，安全宣教与安全文化建设的关系。安全宣教知识传播是安全文化的重要载体，安全文化的宣传教育要认真地分析对象，严格地筛选内容，精心地设计形式，清晰地界定目标，并可量化测量真实效果。传统的安全宣教在对象、内容、形式、效果等方面其往往是随机、无序、模糊不清，甚至把宣教活动本身作为目的。第四，安全标准化与安全文化建设关系。现在很多企业都在搞安全标准化，安全标准化是安全管理的阶段性工具，对初级、中级阶段的安全文化提升有促进作用，其研究解决的主要问题和达成的具体目标不尽相同。在本章开始讲到管理的几个发展，首先是体系化，第二个是标准化，第三个是精细化，第四个是人文化。所以安全标准化其实是对初、中级阶段的安全文化有促进作用，但是安全文化改进追求的是人潜意识行为规范化，即人的行为习惯，让人从习惯上去养成一个良好的安全习惯，去做他应该做的事，不做他不应该做的事儿。第五，企业文化和安全文化建设的关系。首先要明确安全文化是企业文化的组成部分，在许多高风险的行业，安全文化是企业文化的核心，企业文化是安全文化形成和改变的重要影响因素。所以在企业进行安全文化调研的时候一定要调研的是企业文化，因为企业文化将决定安全文化的形成。第六，风险控制与安全文化建设的关系。风险控制是安全文化建设的核心价值之一，风险管理水平是安全文化形态的重要特征，实现风险管理的目标需要安全文化的不断改进，而安全文化改进的是控制风险的最佳途径。在第一节提到安全其实就是辨识并且管控风险，而风险的最大来源是来源于人，事故的多数是由于人的问题导致。安全文化是控制人的行为、引导人的行为，所以安全文化改进是控制风险的最佳途径。

通过以上对安全文化建设与各种因素的关系的阐述可以得出以下结论：第一，安全文化解决的是人因问题，因为意识到了人如果养成好的习惯，有了好的态度，就主动地改进安全的技术，主动地去改进的安全管理，从而提高本质安全。第二，安全文化最终改变和固化人的行为，通过养成一个好的行为习惯来达到本质安全。第三，安全文化建设要分为组织安全氛围建设和个人安全素质提升两个范畴。第四，安全文化的作用虽然不是立竿见影，但是阶段性的成果可以评估，并可以极大改善安全工作的现状。第五，安全文化的推进没有固定的模式，但是有评估标准，但其目的都在于预防事故、防止伤害、保证本质安全。不同的企业建设安全文化的方法可能不一样，切入点可能不一样，没有固定模式的，但是安全文化评估标准却一样，具体方法见下一节。以上就是安全文化建设的本质和要达成的一些共识。

2.3　安全文化的发展水平测量

2.3.1　安全文化发展的阶段

国际原子能机构把安全文化的发展分成三个阶段。（1）技术解决问题，这阶段的安全通过遵循已建立的规章制度来实现，安全被看成是一个技术问题，通过制度来确认安全是否完整，风险控制措施是否完整；（2）程序解决方法，这阶段良好的安全业绩是组织的目标，安全不光是一个技术问题，而是一个系统工程，既然是系统工程就需要设定相应的目标，通过对指标的控制和安全目标加强来加强安全文化；（3）行为解决问题，在本阶段安全被看成是一个持续改进的过程，组织意识到安全是永无止境的话题，但是要持续改进需要强调每个人都能对安全文化的改进做出贡献，强调全员的参与。

很多企业也有不同的划分方法，比如杜邦公司将安全文化发展成为四个阶段，分别为自然本能阶段、严格监督阶段、自主管理阶段和团队管理阶段。（1）自然本能阶段：依靠人的本能保证自身安全，强调服从为目标即仅仅遵守企业规章制度，安全责任是安全人员的事情，管理层不直接管理安全，管理人员主要负责自身的业绩指标。（2）严格监督阶段：管理层有相应的安全承诺，已经意识到管业务的、管生产的也必须管安全；员工害怕安全人员；有安全规则和程序，强调安全监督来控制发生事故。（3）自主管理阶段：领导提出各种各样的安全承诺能够实现，比如改进环境、要改善员工的生产条件、提升员工的个人防护水平等；领导主动地承诺并能够实现；安全知识和技能大幅度的提升；员工自觉地遵章守纪，员工关注自我的安全问题而且意识到安全习惯才是影响事故重要的因素。（4）团队管理阶段：个人更关注纠正他人违章，注重他人安全；意识到安全不光是自身也是他人的事；会对和自己没有关系的违章、隐患进行干预；注重团队安全和荣誉而且关注工作之外的安全。

当安全文化进入中国，为反映我国企业的实际情况，对于安全文化发展划分成六个阶段。分别是本能反应阶段、被动管理阶段、主动管理阶段、员工参与阶段、团队互助阶段和持续改进阶段，每一个阶段有其不同的特点。（1）本能反应阶段，此时企业认为安全的重要程度远远不及经济效益，认为安全只是单纯的投入得不到回报。员工对自身安全不重视，缺乏自我保护意识和能力，因为没有相应的培训，对于事故的发生、风险的认知不全面。（2）被动管理阶段，这个阶段企业认为事故无法避免或者只为应付检查而制定相应的安全制度。安全相对于生产、进度、成本、市场等并不被看作是企业的重要风险并时常做出让步，只有安监部门承担安全管理的责任，不安全行为比较普遍，员工自主安全意识和习惯较差。（3）主动管理阶段，管理层认为事故都是由于一线员工的不安全行为导致的，而回避自身管理能力的不足。此时大多数员工愿意承担个人对安全的责任，因为已经意识安全是自己的事情，员工愿意承担安全责任，事故率或者违章行为开始持续地降低。企业有关的管理政策、规章制度的执行不完善是导致事故的常见原因。（4）员工参与阶段，这个阶段具有较为系统的和完善的安全承诺，从领导到员工每个人都有自己的安全承诺，企业作为一个法人组织会对社会有安全承诺；企业建立起较完善的员工参与安全工作的平台，比如安委会、安全的研讨会、安全建议报告等，绝大多数一线员工愿意和管理层一起改善和提高安全管理的水平；员工积极地参与对安全绩效的考核，企业建有完善的安全的激励机制；员工可以方便地获取安全信息，比如说流程、环境的检测报告，安全帽的一些基本的防护性能等。（5）团队互助阶段，大多数员工认为无论从道德还是经济角度，安全健康都十分重要，提倡健康的生活方式，即使工作无关的事故也要控制；承认所有员工的价值，认识到公平对待员工于安全十分重要，员工意识到违章将会对他人安全造成威胁并认为这是一种耻辱，自主性安全管理和行为成为一个普遍的现象。（6）持续改进阶段，这一阶段员工共享安全健康是最重要的工作的理念；以正面的安全的指标反映安全业绩，比如员工的违章率是否降低、员工的安全分享率是否提高、员工参与安全改进的贡献值是否提升等；积极地防止非工作相关的意外伤害，安全成为企业的名片；安全问题从员工到领导不断改进完善。

无论安全文化发展如何划分，都有其规律或者方向。第一是从被动到主动。第二从个人到团队。即从原来强调不伤害自己、不伤害他人、不被他人伤害变为不但关注自己的安全也关注团队其他人的安全。

2.3.2　安全文化衰败的标志

接下来通过两个例子将介绍安全文化有哪些衰败的迹象标志，需要引起警惕。

第一个例子是开县"12.23"重大井喷事故，该事故造成243条人命，震惊全国。事故发生之后从主管部门的调查报告可以得出很多的结论，比如如果长时间停机检修后没有卸下钻具当中防止井喷的回压阀，事故就不会发生；即使卸下了回压阀，如果起钻前在规定的时间内循环钻井液并将井下气体和岩石钻屑全部排出，那么事故也不会发生；即使循环的时间不够，如果启动过程中按规定灌注了钻井液，那么事故也不会发生；即使没有按规定灌注钻井液，如果能够及时地发现溢流征兆，那么事故也不会发生；即使没有及时地发现溢流征兆，如果能够在第一时间做好应急处置，对放喷管点火，将高浓度的硫化氢天然气焚烧处理，那么也不会导致人员中毒身亡事故的发生。所以说从事故的全过程有很多机会可以避免事故发生，但是每一次都因为没有按照严格的规程制度而错失机会。

由这个案例可以知道风险隐患和事故之间的关系。事故是指突然发生，后果超出了人们承受或者期望的事件；风险是指发生事故的可能性和效果的组合叫风险。对于在开县井喷的报告可以发现有许多的隐患然而谈及管理的时候较少谈及风险，更多的讲隐患治理，隐患排查。而往往风险没有控制住则将会产生两个后果，第一个是事故，第二个是隐患。即风险如果没有控制住，要么产生事故，要么就产生隐患，而往往更大可能性是产生隐患。对此可以知道隐患治理是事后管理，因此很多企业提出一个理念即隐患就是事故，风险控制是安全的重心。

第二个例子是两名员工对于安全隐患、事故的处理。第一名员工走在路上差点被地上的一摊油绊倒，他说了句好险然后走开了；第二个员工在作业现场差点被上方掉下来的扳手砸中，骂两句把扳手交给班组长，班组长安慰两句就把扳手交给了上面的工作人员并交代下次注意。用现在安全文化的高标准对两名员工的行为进行判别，可以知道两种行为都还有可以改进的空间。第一个员工看到这摊油后离开了，可以知道他仅仅关注个人的安全，然而安全文化的建设是从个人到团队，所以更好的做法是找到现场的负责人告诉他存在的隐患并督促其处理。第二个班组长的行为更好的做法是去查找原因，是防护不到位，还是员工作业方式有问题，还是工具的存放的方式有问题等。

通过这个案例可以发现当出现了某些情况的时候即表示着安全文化可能是有衰退的标志。（1）过于自信，即对自身的安全业绩过度自信而导致风险的存在被忽略；（2）自满，对零新事件没有充分评估，忽视管理已经出现的弱化现象情况；（3）基本认错，对增多的事件的各相关组织都不认为是自身的问题；（4）危险，有少量严重事件发生，但组织内部仍然拒绝审查和外部批评，管理层对于已经发生事故不会主动地去接受审查，主动地去分析问题；（5）崩溃阶段，所有的重大事件连续发生，所有人都知道组织有严重问题，管理部门受到严重的打击，已经回天乏力。以上就是安全文化衰退的信号，当出现这些苗头的时候就要开始反思自己，因此安全文化建设过程当中特别强调反思。通过反思自己的经验、反思自己的过往、反思自己的做法、反思自己的理念来保证安全文化发展朝正确的方向发展。

2.3.3 安全文化的发展阶段的评估

评估企业的安全文化发展阶段有如下的基本流程：第一测量指标的确定；第二选择合适的调研方法；第三选择合适的调研样本；第四数据统计分析；第五调研报告编制。

（1）测量指标的确定。首先测量指标有很多，比如如下是某个全国安全示范企业的一级指标，包括组织保障、安全理念、安全制度、安全环境、安全行为、安全教育、安全诚信、激励制度、全员参与职业健康和持续改进来评估企业安全文化。其次就是各个地方都有自身的安全文化示范企业的评审标准，比如对于南方电网设计的指标就是五加一指标，五是指安全保障、安全环境、安全意识、安全能力、安全习惯。加一是指基础条件，比如企业文化的状况、盈利能力、员工的知识水平等，可以看到安全保障和安全环境是作为组织的响应，安全意识、安全能力和安全习惯是作为个人的响应，企业应结合自身实际情况确定属于自身的安全评估指标。

（2）选择合适的调研方法，一般可以分为五种调研方式。① 资料调研，资料通过了解整个行业国内、国外其他企业的一个基本情况、了解自身企业的管理状况，比如通过事故的分析资料、各种制度、员工安全教育培训的一些教材、它的员工的构成、安全的激励制度、它的责任制的落实情况等来了解。② 现场调研，即调研典型的作业场所、典型的设备。③ 访谈调研，即一对一进行调查，从一把手开始决策层到管理层到员工层，包括班组长、安检人员、业务人员等一线的职能部门都要访谈。④ 座谈调研，通过对相同背景的员工、领导来座谈安全问题。⑤ 问卷调研，可以分为几个部分。一是决策层的问卷，二是管理层的问题，三是安检人员，四是员工层的问卷。通过资料调研、现场调研、访谈、座谈和问卷调研来立体地、多层次地、多角度地去理解了解安全文化，去采集企业安全文化的基本数据和要素。

（3）选择合适的调研样本。样本的选择对调研的结果是否准确具有非常重要的影响，对于样本比例的选择在调研过程中将决定其有效性。比如一个企业管理层200多，其余是基层的管理、安检人员。如果97份问卷，访谈的管理层20人，基层的50人，然后承包层安检人员37人，那么领导层为问卷的样本数的20%，这是一个合适的比例，因此抽样需要涉及各个部门、各个岗位的人员，并需要控制在合理的比例范围之内这样的样本才可以说是有效的。

（4）数据统计分析。对此通过对总体指标的打分统计，得出各项指标的算数平均并通过列出表格，对照标准直观地观测企业安全文化现有状况。有时还会通过交叉分析来对事故进行分析，比如说同样的问题问了员工层、决策层，如果员工认为非常危险而决策层认为比较安全，那说明决策层不了解现场的情况；如果员工认为非常的安全，决策层认为比较危险那说明决策层比较有忧患意识而员工忽略可能存在的危险，所以同样的问题需要通过不同的角度去分析得出结论。统计分析问题的主要的目的并不是为了罗列数据而是要分析数据背后产生的原因从而更好地改善安全问题。

（5）调研报告编制。通过总体评价判断企业所处的发展阶段，在根据该阶段所有的特征对其指标进行打分，从而了解企业的薄弱环节，了解企业的主要优势和主要劣势。比如某个企业的主要优势为高层领导认识到安全文化的重要性；管理层有较强的执行力；安监队伍比较可靠，经验丰富，结构合理，工作中彰显的对事先策划的优势，体现了预防为主的风险管理思想等；其劣势为安全理念体系没有建立、制度保障不足、个人响应条件不清晰、少数管理层未充分地履行安全责任、安全承诺体系形式主义严重根本没有起到真实的作用、员工的职业能力要求存在严重疏漏等。针对以上劣势才能有一些相应的干预措施或者安全文化建设的方向，为此这是报告编制需要截取的一个部分。除了刚才的总体分析之外，还可以进行分部的分析，比如安全环境因素分析、企业安全环境指标的得分情况是处于哪一级、员工参与情况、人文环境情况以及调查的具体问题，比如现场调研、访谈问题以及问卷调查的问题等，那么以上才是一份完整的报告，才能让企业全面地了解自身安全文化的发展状况。

安全文化的评估可以分成三个部分。① 建设基础条件的调研，即基础条件的调查；② 现状审核及评价，即现有情况的考察；③ 建设成果的调研，即成果的评估。对此安全文化建设是没有固定模式，但是有评估标准；安全文化建设是一个长期的事情，但是安全文化建设的效果一定要阶段性的评估。比如过了一段时通过调研检查员工的安全能力有没有改进，比如一段时间企业重心在于环境改善，那么可以调查安全环境有没有达到原来预期的目标。安全文化评估一定是基于对企业安全文化现状的了解而建立起来的，如果不经过有效的安全文化的调研，不了解企业安全文化存在的一些主要问题和主要矛盾以及这些问题和矛盾产生的根源，安全文化建设可能会留意表面仅仅是花拳绣腿没有实质性的作用。所以安全文化建设是一个是能够测量、能够评估的科学的干预系统，并按照科学的方式进行。

2.4 安全文化建设的途径

企业建设安全文化的一般程序可以分成调研规划阶段、行为改变阶段、总结提升阶段三个部分。（1）调研规划阶段：是对企业安全文化现状的诊断来发现企业的问题，依据发现的问题进行相应的改进措施。（2）需要注重行为的改变，行为改变的第一步就是制度完善，在了解现有的安全生产责任制、培训制度、激励制度等进行全面的梳理、总结、完善并修正。然后进行安全可视化建设，对于企业的各种安全的规章、安全的信息、各种风险提示、各种应急等都要在现场尽量可视化。（3）要把实施的理念植入计划，因为理念的提炼的目的并不仅仅让企业有了口号，还需使理念深入员工心里，深入管理层心里，从而达到整体的提升。对于个人的安全素质分为意识层面、能力层面、习惯层面三个层面，相应的层面也有相应的计划，通过调研发现员工在能力上或者在知识上可能存在一些缺陷，提出改进的计划并持续改进。通过以上的一般程序可以得出安全文化建设的核心在于人的塑造，为此可以把安全文化建设的途径分为改变人的观念、提升人的能力、培养人的安全习惯三个层面。

2.4.1 改变人的观念

观念是指个人直接建立在主观的感受之上。但是如果观点建立在主观感受之上，那么是零散的、不成体系的，而理念是经过了理性思考之后，建立了相对客观的观念系统。所以理念是经过理性思考、系统的人的行为，比如对环境、事故、事件、风险、隐患等所形成的一个体系化的观点系统，以上就是理念和观念的区别。安全文化建设途径第一个就是要改变人的观念，企业的理念一定是经过系统的思考，经过调研企业安全文化建设的现状和主要优势和劣势之后提炼出来的，是一个理性的系统。对于理念首先要通过诠释或者解释把它的内涵、含义传播给的员工，企业通过身体力行地践行企业所提到的安全理念变成员工个人的安全观念，员工通过学习企业的理念，通过自身的感受、自身的经历就会形成它的观点。比如某人天天违章没人查他，没有得到处罚等，通过这些经历，通过他个人的一个反思想，就引导个人的行为。个人行为就变成两种，一种是符合理念传播的行为，一种是不符合理念的这种行为。个人的行为形成也需要经过几个步骤，首先要了解企业的安全规则，第二要有学习规则的能力，第三要养成习惯，第四要持续改进，这样就形成了个人的行为。优秀企业的安全文化是企业的安全理念跟个人的安全观念高度融合，即员工高度的理解、认同企业的安全理念。那有哪些要转变的观念？（1）从追求效益变成珍惜生命，善待众生。（2）原来从事故不可避免变成一切事故都可以预防。（3）从遵章守纪现在变成了风险控制。原来强调遵章守纪是员工是处于被动的管理，而风险控制是事前的管理，主动地去辨识风险。（4）提高物的可靠性变为强调提升人的可靠性，原来讲本质安全更多指设备的本质安全，而现在知道很多看起来是设备的问题或者管理系统的问题其实背后是人的原因导致的，又由于有人做了不该做的事情或者有人没做他应该做的事情导致事故的发生，所以人的本质安全是比物的本质更可靠、有效。（5）隐患治理变为风险控制，隐患治理是一种事后管理而风险控制是事前的预防。（6）更注重从事故中学习危害辨识和险兆管理，原来发生事故之后强调对责任人的追究，现在强调对系统的分析。（7）原来员工是管理的对象强调员工的遵章守纪，现在强调员工参与、团队辅助、行为激励、责任担当、风险控制靠共同的力量完成，员工不再是单方面的管理对象而是变成安全管理的参与者。（8）强调双向的信息流动，员工把自身在工作中遇到的问题、发现的隐患传递给企业，企业则要把风险、控制措施、可能的后果传递给员工等。

简单而言转变观念。第一，安全理念已经深入人心，各级员工了解企业的安全理念并理解内涵；第二，企业理念变成员工的安全观念；第三，企业理念所表达的精神正面影响着员工的工作态度，即企业理念是真实地在影响管理以及管理人员的行为；第四，安全理念解决了许多选择性的难题。即到了工作现场之后，没有立刻开始工作，而是先进行风险的辨识，进行现场安全的交底等。理念不仅是口号而是真正起到引领管理行为和作业行为。个人所做的决定，所做的每一个行为要符合理念倡导的精神思想，这样才真地改变了人的安全观念。

2.4.2　提升人的安全能力

人的能力分成两个部分：第一是员工的安全作业能力，第二是管理者的安全管理能力。

员工的安全作业能力分成 5 项。（1）身体能力，即员工固有的身体状况、身体素质和健康状况等以及当下的身体状态。（2）风险的辨识能力，即对现场的危险有害因素的辨识能力，包括感知风险和分析风险，能够感知到风险而且能够分析风险。能够在作业前进行危险有害因素分析，针对作业过程中的变更风险重新进行风险的识别，可以对管理范围的重大危险源进行监控，可以进行安全技术交底。（3）安全的操作能力，即能够按照流程、规范、标准安全准确无误地把作业行为完成。（4）应急处置能力，当出现一些显照或者意外情况的时候，能够及时地进行有效的处置，能够让事件或者事故产生的影响控制在最低限度，了解并能够预见发生意外情况，熟悉本岗位工作相关的应急资源，熟知相关的应急预案的内容，掌握本岗位应会的应急技能。（5）自救互救能力，掌握紧急避险的知识，掌握常用的救护知识，当发现已经回天乏力的时候能够去想办法自救，甚至是帮助他人。

管理人员的能力分 8 项。（1）安全计划能力，即能有效地安排安全的工作并做出计划，可以把所有的工作按照风险的级别进行分级，并按照标准安排人员等。（2）安全信息能力，指分解和处理安全信息的能力。比如根据最近的员工的违章情况，能分析出来个人的趋势发生事故背后的原因，并进行信息加工处理。（3）安全检查能力，即识别隐患并能够针对隐患安排合适的人去进行检查，进行相应的整改，完成一个闭环。（4）安全观察能力，那么安全检查和安全观察有什么区别？首先安全检查的目的在于考核，针对现场的安全工作有没有做得很好，在于隐患整改发现问题消除隐患。安全观察是针对行为，在于了解员工不遵守行为背后的原因，所以安全检查的目的在于考核而安全观察的目的在于改进。（5）安全沟通能力，其是紧紧地配合安全观察即为了解事故背后原因的途径。（6）安全激励能力，鼓动员工去挑战更高的安全目标，去向各种不安全行为或者不安全的状态进行挑战，鼓励积极地提出各种安全的建议，主动地去整改现场的不安全行为或者观念状况等。（7）应急指挥能力，即能够识别出来意外的情况，而且能够去有针对性地进行应急样本的编写和演练，全方位地去提升整个部门、企业的应急指挥的水平。（8）自救互救能力，即掌握避险知识、互救知识到达自救、他救的目的。

提高人的安全能力要达到以下的目的。（1）各级领导安全领导能力和安全管理技巧普遍提高，安全领导力可能更多指激励、引导、表率等，安全管理的技巧更多的指风险管理的技巧，即辨识风险并且控制风险的技巧。（2）安全管理人员的安全理论和安全工程技术综合能力大幅提升，安全管理人员明白安全、风险和隐患等这些基本的要素之间的关系以及安全管理或者风险控制的基本措施，对于安全工程技术最新的控制手段也有所了解。员工危害和风险识别能力要普遍提高，自我保护能力大幅提升。

2.4.3　培养人的安全习惯

一个普遍的观点为习惯决定命运。统计表明，一个人每天的行为当中大约有 5% 是非习惯性行为，剩下的 95% 就是习惯性行为。非习惯性行为即为有意识地控制自己的行为或者做事的某种行为。剩下的 95% 都是习惯的行为就是无意识的或者是下意识的行为，不经思考的行为。很多安全事故其实是不安全的状态导致的，所以关键问题在于个人习惯养成。行为心理学的研究表明 90d 可以养成一个稳定的习惯，一定范围内所有人的习惯就构成了文化，文化的形成根据人数构成的不同，一般需要 3～5 年，也就是安全文化建设的规划周期。一般做安全文化建设规划短则三年长则五年，因为形成一个文化至少需要 3～5 年时间，对于新人来说融入一个新的安全文化，大概需要 1～1.5 年的时间，所以这就是很多企业为什么重视新员工的培训教育。

那到底怎么样培养习惯？首先要求有明确的行为要求，其次要有有效的行为激励，最后要有长期的行为审核。

（1）人的行为习惯第一步要从明确的规章制度开始，企业可以通过很多方式来把明确的行为要求传递给员工，比如说作业表单、作业指导书、员工的安全行为准则、标准的作业视频、作业现场的可视化、作业过程的安全监督等多种方式把明确的行为要求传递给员工。

（2）有效的行为激励，行为激励第一步面对的是员工的行为，重点在于行为改进，第二步有效的行为激励并不见得是一定要有物质奖励，也可以是精神层面的方式去激励员工。比如员工安全的榜样、合理化建议奖、安全经验分享之星等做到扬善于公堂，即好事一定也要善于广泛地传播，让全体企业的人都知道安全个人以及个人的先进事迹。具体而言的有效的行为激励可以通过很多种方式来做，第一要有安全行为的奖惩标准，奖惩标准作为导向性的指挥棒，告诉了哪些是鼓励做的，哪些是坚决反对的并且要惩罚；第二就是安全行为的奖惩，除了有物质奖励之外，还要注重精神的奖励、行为的激励，即领导的表扬与批评、各种榜样评比等。

（3）长期的行为审核，即为安全行为观察与沟通。行为审核需要长期地形成一个习惯，形成一个氛围，使得员工无论在哪都去进行安全地观察、安全检查，都会形成一个稳定的行为习惯。其审核目的在于督促个人行为习惯的培养，而行为习惯的培养在逻辑上是简单的，但是要做到高标准是很难的。那具体而言有哪些好习惯要养成，比如管理者是否争取安全表现第一、做任何决定是否第一考虑安全问题、进行安全审核是否首先进行风险的分析、选择经销商的时候是否首先考察它的安全业绩等。

对于员工而言，需养成三类好的习惯：探索性的工作态度、严谨的工作方法、互相交流的工作习惯。

① 探索性的工作态度是指在作业之前并不会马上开始作业，而先要去进行风险分析、隐患判断以及异常情况的想象意象等。

② 严谨的工作方法。严谨的工作方法针对的具体要求有 5 点：第一，弄懂工作程序；第二，严格按程序办事；第三，对意外情况出现保持警惕，有防范措施；第四，出现问题时停下来思考，必要时请求帮助，追求纪律性、实践性和客观性，谨慎小心地工作，绝不贪图省事。

③ 在工作之余，要养成互相交流的一个习惯，从他人处获取有用的信息并向他人传

递有用的信息即为是安全经验的双向分享。通过对人习惯的培养要达成下面的目标，严格按程序作业已经成为自然的习惯；大部分员工发现别人违章或者不安全行为时，能够纠正或者制止；并且由工作之中向工作之外延伸且影响着家人，习惯会带给八小时之外也会影响着家人。

总而言之，安全文化建设的是转变人的观念、提升人的能力、培养人的良好安全习惯，最终是希望不制造、不传递、不接受任何一个失误或者缺陷。主观上不接受，个人的能力和习惯上制造、不传递。如果个人能够从态度上不接受，从能力和习惯上不制造、不传递任何一个失误或者缺陷，那么企业的安全文化的水平就已达到较高的阶段。所谓转变人的观念即让人想安全，改变人的行为即让人会安全，培养人的安全习惯即能安全，当一个人想安全、会安全、能安全，那这个人就具有较高的安全素质，成为本质的安全人。

2.5　组织安全文化建设

2.5.1　安全理念体系提炼

企业安全理念通过安全体制、安全政策、环境氛围、教育培训影响员工的个人观点。个人的安全观点直接影响安全态度和行为意向，企业安全文化建设的过程实质上就是安全理念从内心确认到行为响应的过程。企业的理念是经过理性的思考之后所形成的一个观点体系，至少要有四个方面的要求：第一，切合企业的特点和实际，反映共同安全执行，即从一把手到员工都能够受到理念的感召；第二，明确安全问题在组织内部享有最高优先权；第三，声明与安全有关的重要活动都追求卓越，比如企业追求零伤害、零缺陷、零事故；第四，被全体员工和相关方所知晓和理解。许多单位认为安全问题是安全生产部门的事，但是其实每个人都承担相应的安全责任，所以全体员工不是光指作业人员，还包括作业人员和其他的一切原企业相关的人员。以上是理念提炼方面要注意的问题，但是理念不仅仅指提炼还要注意理念的传递，而往往很多企业是在理念传递方面出现了一些问题，需要知道理念传递到了不等于传递到位了。

理念的传递可以从两个方面介绍：第一，量级的概念即指所有人包括员工、领导等人；第二，程度的概念即指知晓并且被理解，企业通过摆事实、摆事例、讲道理、讲事实，从逻辑上和事实上两个层面对企业的理念去进行解释。企业安全理念的建立可以从建和立是两个概念去解读。建其实就是提炼出符合自身企业实际情况的理念，立是指能够存在于员工心里，能够从口号变成员工所认同的一个观点并理解赞同。

2.5.2　行为规范与程序

安全文化的根本途径是为了培养人的行为习惯，培养行为习惯的第一步要建立明确的行为规范，对于组织建立的行为规范：第一，要体现企业的安全承诺或者安全理念；第二，明确各级各岗位人员在生产工作中的职责与权限，要让每个员工明白自身的责任；第三，细化有关的各项规章制度和操作程序，细化的目的在于所有的作业行为都有相应的制度，都有相应的程序。第四，行为规范的执行者必须参与规范系统的建立。即制度的执行者必须参与制度的建立，或者说行为规范的制定者必须参与行为规范的建立。对于很多企业的制度大多数依据前人经验、前人留下的基础或者依据企业内部或者企业外部的专家，商量修改慢慢形成的。但是这样形成的程序和规范，往往企业在实践对于一线员工不好用，并不符合员工的认知。为此需要强调员工参与行为规范建立，其目的在于让过程行为规范能够适应实际的情况，使得员工在参与行为规范制定的过程明白程序的每一步背后的原因是什么，违反会有什么样的后果，通过参与进一步的提升风险意识，也提升未来员工遵守规章的可能性。对于规章制度要以正式文件予以发布，确定为了法定地位，通过建立明确的行为规范与程序为的是减少不必要的人因失误、改掉不良的工作习惯和工作方法、严格的执行程序以及一切指导性的作业文件达到人行为可预测性的目的。

执行行为规范要达到的要求：第一，引导员工理解和接受行为规范的必要性，知晓不遵守会有什么后果。第二，要通过各级管理者或者被授权者观测员工行为，并实施有效的监控和缺陷的纠正。第三，广泛地听取员工意见，建立持续改进机制，通过的行为规范不断改善人的安全行为习惯。

2.5.3 安全信息传播

安全信息传播是安全文化建设当中使用频度最高的要素，有效的安全信息传播不仅有利于展示企业对员工的关怀，更有利于企业改进安全管理，并且有效的信息传播还有利于企业建立一种公开透明的文化。企业应当建立并完善安全信息传播系统以达到员工领导信息的双向传递。

对于安全信息传播可以分为两个系统，即静态的传播系统和动态的传播系统。静态的是指基于更新频率慢的信息，比如安全警示、提示标识、标志标线、贴士、安全宣教挂图、标语、条幅、各种的安全文化手册、员工安全知识读本等静态的系统要最大限度地传播企业的理念、传播安全的知识。动态的传播系统，比如安全布告系统、企业的安全板报系统、班组安全板报系统、自编的安全刊物、作业现场的安全数据统计栏圃、安全电视传媒系统、安全网络化的发布、安全相关数据的观测及反馈、安全信息的公众号等，即经常要进行更新的信息。

有效的安全信息传递不仅有利于展示企业对员工的关怀，更有利于企业改进安全管理，其包括两个层面的意思：第一是企业安全信息向员工公开，通过动态和静态的传播系统公开；第二是员工主动地向企业提供真实而全面的信息。往往企业重视信息向员工公开而往往忽略员工信息的反馈，对于员工传递的安全隐患、安全风险等没有给予足够重视，所以对此需要强调双向的信息传递，使得企业向员工传递足够的安全信息，员工也向企业公开真实的安全状况和问题。

2.5.4 安全环境的改善

安全环境改善主要通过两种方式、5S 管理系统和安全可视化。

为了工作现场的整洁来提高工作效率，日本的管理学就提出了 5S 的现场管理的方法，针对生产现场材料、设备、人员等生产要素开展相应的整理、整顿、清扫、清洁、修养等活动。这为其管理活动奠定良好的基础，是日本产品品质得以迅猛提高，行销全球的成功之处。传到中国之后，结合中国实际情况添加了安全、节约、环保等内容。通过 5S 方法使得物料、原材料都有很好的堆放，现场人行通道、材料的堆放、机械设备都有一个很好的布局，空间的布置也变得合理，所有的工具器都定置摆放，哪怕是小的扳手都有合理的摆放的位置，办公室的柜子、文件柜、书报夹怎么摆放都有清晰的要求，所以 5S 管理是现场管理非常基本的、有效的管理方法。在这个基础上又提出了安全可视化，指通过在工作生产、工作场所悬挂涂刷或者布置安全标识、安全标线、安全色、安全标志、安全提示标语、安全海报、安全展板等在第一时间和最佳位置向外来人员提示风险、规范行为、提供安全信息、指引操作并进行安全知识补充、安全理念、安全文化传播的方法。

安全可视化的目标有四个：（1）提示风险指引行为，通过使用各种标识标线提示员工以及外来人员各种设备存在的风险、所在的环境区域有什么风险、所从事的作业有什么风险、然后并且指引员工按程序安全操作和应急处置。（2）公开信息透明规范，以合适的方式对人员资质、设备状态透明化。比如是否有设备的操作授权；设备属于班组和人员信息等公开的信息；设备所处的状态；单位的安全业绩等。（3）知识补充，预防违章。作业程序或者各种规章制度不见得员工全部都能记住，通过可视化的方法达到风险的提示，信息公开和规范的指引从而在现场对员工进行及时的补充，让员工提高风险的防范意识，提示规范操作。（4）营造形象，营造氛围。比如通过海报、标语等载体进行理念宣传，营造有企业特色的安全环境氛围。

可视化内容分成四个方面：（1）风险的可视化。即表明设备的风险、工具器风险、作业的风险等各种风险提示。（2）操作指引的可视化。即作业的步骤、机器设备的操作要点、安全注意事项进行可视化。（3）信息的可视化。即人员的资质、环境的情况、安全检查的结果等。（4）安全宣教的可视化。即各种安全的知识能够可视化的就尽量在现场进行可视化。

可视化的载体可以通过很多方面来传达：（1）人员，比如说员工身上的胸卡、安全帽、帽上标签、袖标等。（2）设备，即在设备上把设备的状况、管理的人员、操作的要点、清扫的要点等在设备上呈现出来。（3）区域，比如进入到车间可以通过区域空间进行可视化。（4）工具器，即工具通过标签把风险、用途、所属人员进行呈现。

以上就是可视化的内容。对于可视化其实并不神秘，就是把现场所看到的东西通过标识、标线、标语或者图片等各种方式把能够可视化的尽量予以可视化，能够标准化的尽量予以标准化。

2.6　个人安全文化建设

2.6.1　安全承诺与行动计划

安全文化评审的时候对于很多企业有一个要求，既要有安全生产责任书，又要有安全承诺书。那安全生产责任书和安全生产承诺书有什么不同？首先责任书是被动的，无论个人签不签，责任都是存在的、是法定的。企业的主要负责人、各级的管理人员、从业人员的安全生产责任是无法逃避的，之所以签订生产责任书就是二次告知，强调其法定的责任，强调其要承担的相应责任种后果。而安全生产承诺书是一个主动的，要安全的体现。基于对责任的理解，基于安全理念，基于岗位上的一些要求和情况，主动地承诺要做到哪些行为。所以这是两个从不同的角度去诠释企业应该要员工承担的安全责任。为什么个人的安全文化建设的第一个要求就是要做出安全承诺以及相应的行动计划？为什么这么重视承诺？因为做出承诺是人生中最庄重的时刻。比如结婚的时候、入党的时候、走上重要的工作岗位的时候。所以人生当中的最庄严的时候、最庄重的时刻，都有一个相应的仪式。那人类社会为什么要注重仪式感，可以从几个方面去讲解释：（1）仪式说明这件事情很重要，代表人类的价值观。（2）仪式过程说明人对事情的理解、代表人类的认知。（3）仪式是一种让他人见证的过程，代表人类的社会性。（4）仪式是重要的文化载体、代表人类的传承。所以搞安全文化建设也离不开仪式，也离不开承诺。企业的安全理念体系影响个人，个人的承诺的是依据理念以及他岗位的安全责任而定。有了承诺就一定要有相应的行动计划并能够让其承诺落实在日常的行动上，这是理念从个人承诺到个人的行动的基本逻辑。

个人安全承诺有如下要求：（1）理解承诺内容的概念。承诺是员工基于企业价值理念和岗位安全责任对自身在安全、健康方面所应采取的行动、所做的公开表示，有效的安全承诺一定是公开的，比如说可以宣誓、可以签字等，只有这样公开做出的才能叫作承诺。不要做出千篇一律以及和岗位的责任关联度不高的承诺，这样的承诺相对来讲是没有质量的承诺。（2）承诺的内容不能过于复杂要与安全责任书有所区别。（3）承诺要公开做出。承诺一定要公开做出才可以体现人的社会性，而且要让相关的人员能够具备监督的可能性，方便监督也方便自对照。（4）承诺内容不易被员工遗忘。被遗忘的原因第一个可能就是太长，第二个可能承诺是随意做出的不是发自他内心，自愿地去做出承诺。

承诺之后需要有相应的行动计划，所谓的个人安全行动计划是指各级领导干部在履行本单位、本系统、本部门业务范围安全管理工作职责的同时要制定个人阶段性的计划，比如月度、季度和年度的安全行动计划。个人行动计划必须明确工作内容和实施时间，并且将计划内容在规定的时间之内付诸实际行动。对于个人行动计划，旨在帮助自身养成良好的安全管理习惯，主动履行好管理的安全管理的责任、工作任务、现场检查、安全管理、知识学习、安全培训、全活动等内容。

那具体就个人行动计划进行解释，首先对于管理人员要做到行为安全观察与沟通、案例分析讨论、调研审核、安全专题会议、安全授课述职报告、备注栏等。（1）行为观察与沟通需要深入现场，进行员工的行为安全观察并且及时地纠正；现场人员要进行交流分享个人的安全想法；和上下级沟通安全方面存在的问题。（2）案例分析讨论，以行业企业相关的案例为主要内容，结合违章行为以及安全行为开展学习讨论活动。（3）调研审核，开展本单位存在问题的调查分析，深入现场结合各方所提经验，提出可行性建议及措施并形成报告。（4）安全的主题会议和安全的授课，因为强调合格的管理者一定也是合格的培训者，一定要进行相应的安全方面的授课。无论是不是安全专业，只要在本业务范围之内，应该尽量去给员工去进行一些安全方面的授课，比如安全管理方法、安全技能传授、安全的经验分享等。（5）安全方面的述职报告。比如安全宣传、内部审核等这些项目和行动内容有频次和具体的实践要求，比如说一年中是不是每个月都进行，如果都要做的话频次是多少需要清晰地罗列出来。（6）备注栏，是进一步地去解释具体的要求，比如案例分析与讨论要表达出对员工切身安全的关怀，注重事故调查人的不安全行为，物的不安全状态，不要过多地去讲体制的问题等。对于员工而言，熟悉本岗位的安全生产的职责、掌握岗位的装置和安全设备设施、进行安全经验的分享、制定个人的行动计划然后积极地参与应急预案、听从指挥、杜绝违章、定期检查等。员工更多的是对日常行为习惯方面的要求，但两者格式是一样的即对每一个行动项目要把具体的工作内容说清楚。比如掌握岗位设备装置，要明白装置操作规程，熟悉本岗位的风险及消减控制措施，自觉地开展各项生产活动，按照相关的安全体系、相关岗位诚信认真地履行并且牢记本岗位的操作规程和实际操作方法，并把计划时间和频次确定清楚。通过以上内容可以得出个人行动计划的几个基本的要素：第一，要把项目说清楚；第二，要把项目的要求说清楚；第三，要把时间频次说清楚。在这些基本的要素的基础上再去根据管理人员和员工每个人岗位责任的不同来做出具体的计划，开展全员的安全承诺。

承诺并配套开展个人安全行动计划之后，还需要审视履行的情况。对于审视履行有如下一些要求。（1）根据不同的岗位类别制定统一的个人安全承诺书的格式，要突出以自身相关的理念，要把跟本人的岗位安全职责以及相应的重点内容突出出来，个人安全承诺要结合本岗位的风险识别并且能提出有针对性的行为措施，并结合工作实际体现适用有效的原则，而且个人安全承诺书要经过审核之后才视为有效并且通过公司内网等渠道正式的公布，在年底述职和考核时，要对照承诺书检查承诺的履行情况。（2）行动计划从最高领导开始每个人都要制定自己的个人行动计划，但是在实际的工作当中如果基层员工负担太重的话可以暂缓执行；可以年初制定一个总体计划，每季度根据工作情况进行调整，并交安检处备案；个人行动计划要结合岗位的职责，突出个性化、体现明确性、可衡量性、可实现性以及实际的相关性和时效性；上级要定期地对下级的个人行动计划进行辅导，并填写反馈单。（3）安全考核，就承诺情况要进行考核，安全考核的指标体系要增加对集体行为的履行情况的考核；用正面的指标来替代负面指标，譬如用未遂事故的上报量来代替违章行为的发生量。加大激励政策中集体奖项所占的比重，在鼓励个人的同时更加注重对集体安全的一个业绩的奖励。

2.6.2　自主学习与安全改进

人的学习方式主要有三种：第一种是通过沉思，是通过知识、逻辑进行学习。第二种是通过模仿也是最容易的。第三种是通过经历，这是最痛苦、最深刻的方式。上面三个学习方式都是通过一个模式来进行的，首先是通过已有的知识和能力，第二个通过对即有知识的反思。比如第一种的方式是通过沉思对即有知识的反思，想出概念和方案，然后通过实践得到实施，然后对实践实施的结果进行评估与总结。此时个人会形成一些新的结论，最后形成新的知识和能力，这是自主学习的一个基本过程。可以看到前半部分主要是靠思考，后半部分在进行概念与方案的时候，其实除自己的思考之外还会有一些拿来主义即会学习别人的一些方法评估与总结，通过自身实践的一个反思，再去获取新的知识，这就是自主学习的基本模式。安全文化整个建设过程其实就是一个不断地学习和改进的过程，从自己和他人的安全经验当中去主动地寻找改进机会，从实践到理论，再从理论到实践，这样安全文化建设才是真实有效的。对于学习途径有安全事件经验的学习，企业自身经验的有效利用以及员工的自主学习和自主改进三个互相融合，通过对三个有效的这种学习不断地去提升自身的一个认知。比如安达思公司提出来的一个天天案例法，其实就是员工进行自主学习与改进方法。表现在三个层面：第一个是事事是案例，强调从实践当中去学习。第二个是人人做案例，强调同事之间互相学习。第三个是天天有案例，强调的是一个长期学习、长期坚持的问题。对于自主学习改进的具体的要求，第一个就是企业应建立正式的岗位适任资格、评估和培训系统，确保全体员工充分地胜任所承担的工作。制定人员聘任和选拔程序，保证员工具有岗位适任的初始条件；安排必要的培训以及定期复训评估培训效果；个人培训内容除安全知识和技能之外，还应该包括严格遵守安全规范的理解以及个人安全职责的意义，应知道产生失误的后果；借助外部培训机构，应选拔训练和聘任内部的培训教师，使其成为企业安全文化建设过程的知识和信息传递者。第二个要求是企业应该将与安全相关的任何事件尤其是人员失误或者组织错误事件当作吸取经验教训的宝贵机会和信息资源，从而改进行为规范和程序，获得新的知识和能力。第三个应鼓励员工对安全问题予以关注，进行团队协作，利用既有知识和能力辨识和分析，提供可改进的机会并对改进措施提出建议，并在可控条件下授权员工自主改进。比如可以开展安全改进竞赛活动等来达到辨识现有安全管理系统不足并提出具体的措施。

2.6.3　安全事务参与

企业应该最大限度地去鼓励员工参与安全事务，分担安全的责任从而形成有效的合作伙伴关系，在这种氛围中员工的安全态度和安全行为可以不断地被强化，最终形成内在的习惯。员工参与更广泛的内容，第一个政策制定员工有没有参与，第二个程序改善员工有没有参与。具体表现在就现在的行为规范和程序利用不合理的地方是不是注重从员工哪里吸取一些改进的意见；员工有没未遂事件报告；向不安全行为的挑战员工有没有参与，是否建立在信任或者免责基础上的微小差错员工报告机制，其实要鼓励员工在免责被基础之上上报隐患，对于员工主动暴露的缺陷和不安全行为，做到事不追究，不处罚，不记名的；还要建立员工的改进小组，给予必要的授权辅导和交流；定期召开有员工代表参加的安全会议，讨论安全绩效和改进的行动，选出员工代表参与安委会；开展岗位风险预见性分析和不安全行为或者不安全状态的自查自评活动，比如南方电网一些下属的供电局也会有员工自主行为改进，就每天对照自己的安全的行为计划来看看自己有没有做到，每天花十分钟的时间来进行自我的反思和自评。

下面是一个示范企业的要求：第一，从业人员对企业落实安全生产法律法规及安全承诺、安全规划、安全目标、安全投入等进行监督。第二，建立安全信息沟通机制，确保各级主管和安全管理部门保持良好的沟通协作，建立有员工参与安全事务的机制，并且会有安全俱乐部，安全周周谈等活动来建立员工的安全信息沟通机制。通过建立安全观察和安全报告制度达到对员工识别的安全隐患给予及时的处理和反馈，采纳员工的合理化建议。

下面是某个企业提倡的"三不一"鼓励政策，是指以不记名、不处罚、不责备的原则，鼓励广大员工主动暴露工作和生活中的未遂事件和不安全行为。通过风险体系提供的事故事件分析方法，寻找体系失效的要素和风险评估的不足之处，针对性制定防范措施，实现对事故的预防性管理并通过事故案例的安全经验分享，切实地提高广大员工辨识技能和安全意识，以上就是"三不一"鼓励的基本工作思路。那"三不一"鼓励的工作目标：第一，要实现未遂事件和不安全行为分类统计，建立主动预防和控制机制。主要的目的要收集数据、统计数据，而且从统计数据中要分析出主动预防和控制机制建立的基本要件。第二，建立安全经验分享案例库，实现全员的安全经验分享。第三，促进安全管理由被动的监督管理向主动的风险管理，提升安全管理水平和绩效。鼓励员工参与安全管理的方法有多种方法，但其本质上思路是一样的即建立一个公开的、透明的文化，让每一个员工都能发挥所常，都能发挥员工参与安全工作的积极性和主观能动性，从而达到"四不伤害"的目标，即不伤害自己、不伤害他人、不被他人伤害、同时也能够保护他人不受到伤害，不但关注自己也关注他人安全。

2.7　卓越安全文化的八个标准

2.7.1　"安全生产，人人尽责"

在巴西远洋运输公司的门前矗立着一个高五米、宽两米的大石头，上面刻满了葡萄牙文记载了当年环大西洋号海轮沉没的原因。通过对事故的调查发现了事故发生原因，首先是水手理查德在奥克兰港私自买了一个台灯为的是给妻子写信时照明，二副瑟曼表示看见理查德拿着台灯说了句台灯底座比较轻，船晃的时候别让它倒下来但是没有干涉。三副帕蒂表示船离港的时候，发现了救生筏的施放器有问题，就将救生筏绑在架子上。二水手戴维斯表示离岗检查的时候发现水手区的闭门器损坏就用铁丝将门绑牢。二管轮安特尔表示检查消防设施时发现水手区的消防栓锈蚀，但想着还有几天就快到码头了就没有进行更换。船长麦凯姆表示启航的时候工作繁忙就没有看甲板部和轮机部的安全检查报告。机匠丹尼尔表示理查德和苏勒的房间的消防探头连续报警，但未发现火苗判定探头误报警，于是拆掉交给惠特曼要求换新的。大管轮惠特曼表示说自己很忙没时间更换。服务生斯科尼表示自己到理查德的房间去找他，因为人不在坐了一会儿就随手打开了他的台灯。机电长科恩表示发现跳闸，但因为以前出现过这种情况，没有多想就将闸合上也没有查明原因。三管轮马辛感到空气不好，打电话到厨房证明没有问题，随后又让机舱打开通风口，整个过程就打了个电话。管事戴思蒙表示召集所有不在岗位的人员做饭。最后当理查德和苏勒的房间被烧穿已经没有办法控制火情。通过对故事回顾可以发现每个人都犯了一点点错误，但是每个人都导致了船毁人亡的大错，因此需要强调安全生产需要人人尽责。在企业有"安全生产，人人有责"的口号。但有责和尽责是不一样，有责是法律规定了个人的责任，而尽责就要求从董事会成员到每一个员工，有明确的恰当的安全责任及权限并被未在岗人员所理解；非生产相关的部门比如厨房、检查部门、后勤部门等也需明白在安全管理当中起到的作用，而且企业需要有一套行之有效的考核系统，使安全责任得到有效落地。卓越的安全文化强调的是主动地履行责任并且尽责，比如安全检查有三个层次，第一个层次是做完检查并且把检查结果进行记录。第二个层次按照检查表严格地进行安全的检查而且发现了一些不易发现的隐患和问题并且做了报告也监督完成了整改，相比第一个层次更加尽责。第三层在第二层的基础上还发现了其中一个问题具有普遍意义，所以把问题单独拿出来向其他的部门做安全经验的分享，提醒注意避免类似的情况，这就是更高层次的尽责体现。

2.7.2 领导做安全的表率

刘启起老师在讲他的酒店管理的课程从业经验提到，他每次到一个新的酒店之后要做的第一件事情是请消防和卫生部门吃饭，为的是请求政府部门要严格检查自身企业的消防、卫生管理。他表示酒店经营不善、管理不善还可以重来，但是如果发生了火灾事故、发生了集体中毒的事件那就是大事。而自己个人对这一块知识欠缺所以需要最专业的也就是政府管的业务部门来进行监督。通过以上的例子反映了底线思危的思想，也反映了领导做安全的表率的重要性，老师以他的实际行动证明了他对安全这根红线的重视。安全文化建设要么从一把手开始，要么永远无法真正开始，所以在企业去做安全文化建设咨询的时候永远都是要求领导参与，即调研的时候要求领导参与、启动会的时候要求领导参与、搞安全培训的时候要求领导要参与、做安全承诺的时候要求领导要带头等。因为高层领导在推动安全文化改进方面起到一个主导作用，安全文化建设要么从一把手开始，要么无法真正开始，因为高层领导自身所站高度高、占有的资源多所以相比基层的员工更容易推动。领导做安全的表率分为三个层次，第一听到，第二看到，第三感受到。听到即要在各种场合去讲安全，不管大会小会都强调讲安全，天天讲安全。看到即让员工看到领导制定各种安全承诺、方针和目标以及安全行动计划。感受到即在任何场合下带头遵守安全标准。比如到了现场就按照现场的要求走在规定的通道里，要做好的安全防护；提供资源去解决安全问题；及时对员工的安全工作表现进行激励，重视员工所提的问题并及时予以采纳，让员工感受到领导对于安全的重视。对此还要求领导要具备安全感召力和安全领导力，并且领导是多层次的比如企业的领导、管理的团队、基层的班组长等。

2.7.3 建立组织内部的高度信任

先举两个例子：第一个，中国早期的餐馆都是从一个小的窗口递出菜来并贴上闲人免入。但是当一些洋快餐比如麦当劳进入中国之后就允许顾客看他厨房，顾客可以从就餐位置上看到后厨的整个运作。第二个，当国内乳品企业遭遇三聚氰胺信任危机的时候，蒙牛开放自己的工厂组织人员去参观。以上所有做法反映了保持透明，才能赢得信任，才能安全的理念。所以获取组织内部的信任首先就是要保持透明，要建立一个公开透明的文化让员工知道企业存在的风险，企业采取有效措施。公开透明的文化有如下几个特征：（1）企业以诚信透明的态度，实现对社会公众的安全承诺。比如说建变电站存在辐射可能会影响平民的健康。这时企业要做专业知识的科普，要向公众公开国家的标准、辐射量范围、控制的现状等以公开、透明的态度实现对公众、对社会的安全承诺。（2）管理者以开放的态度与员工共享安全信息，明确告知员工所面临的潜在风险使员工能方便地获取各种安全信息等。（3）员工能主动地报告未遂事故，本着分享资源的原则，积极参与对事故事件的调查和研究。所以建立组织内部高度的信任其实就是要建立一种公开透明的文化，让员工信任企业，让企业也信任员工。

2.7.4　决策中体现安全第一

安全第一的概念来自美国 US 钢铁公司，当时公司遭遇了严重的一连串事故的打击，领导层就此开始反思，思考哪里出现了问题导致各种各样的事故屡禁不绝。后来经过一番思考之后，对当时企业的方针"质量第一，产量第二"进行了修改变为"安全第一，质量第二"，方针的变化意味着很多事情首先就要考虑安全问题，整个决策导向工作的程序方法就需要去进行一些相应的调整，从而使得事故得到了有效的遏制，而且发现质量比以前更好了，产量也没有受到影响。当时这样的成功轰动了整个美国的工业界，许多企业向其学习，最终整个芝加哥工业协会就把安全第一作为芝加哥工业协会的一个指导方针。所以对于安全第一的基本概念的内涵是指首先要考虑安全问题，要在质量和产量问题之前进行考虑。第二个当矛盾不可调和的时候安全具有一票否决权，当安全跟质量或者产量发生矛盾要放弃追求产量，要排除故障，控制风险，当风险得到确认、得到控制之后才去继续生产。对于决策中体现安全第一有如下指标：（1）做出的任何管理决定第一考虑安全，比如提拔员工首先要考虑他的安全表现；对于开工决策优先考虑安全设施是否到位，安全风险的评估以及应急的预案是否到位等。（2）员工采取严格的步骤来解决问题，在不完全理解时采取保守决策。保守决策即当不完全理解时要停下来进行分析，不盲目进行，体现安全第一的概念。当情况发生变化比如说设备变化、工艺变化、人员发生变化的时候应重新评价原决策和相关的基本假设。下面是一个寓言故事，一个演习的战舰在阴沉的天气中航海数日，一天晚上浓重的雾气使得能见度极低，入夜后不久瞭望员忽然报告船长右旋位置有灯光，这意味着可能相撞的后果，于是船长命令信号兵通知对方转 20°。而对方却建议船长转 20°，船长发信号表示自己是上校，命令他转 20°，而对方表示二等兵水手表示你最好转 20°。此时船长非常生气认为小小的二等兵竟然敢跟上校叫板，就表示这是战舰建议让对方转 20°，但是对方的信号传过来说这是灯塔。这个寓言表达了安全第一的原则，即不因任务的紧急程度、不因执行人职位的高低而例外。原则就如灯塔，一碰就出事，所以体现安全第一的原则即为在决策上体现安全第一。

2.7.5　安全技术应特别重视

安全技术普遍认为是高大上的技术，然而其实不一定是如此的，也可能是一个小小的改进比如说加装一个扶手、一个栏杆，其实也是安全技术。对此有如下几个要求，（1）在实施可能引起工艺变化的活动时应格外地谨慎；（2）对专设的安全防护设施的功能维持予以特别关注；（3）联手设计和运行安全冗余度，只有慎重考虑后方可改变；（4）精心维护设备使其性能在设计要求的范围之内；（5）企业的日常活动和变更要考虑概率风险，生产活动受全面的、高质量的过程和程序控制；（6）员工熟练地掌握与工作岗位安全操作相关的基础知识，为可靠决策和良好行为打下坚实的基础。

2.7.6　培育质疑的态度

高度的信任强调结果，质疑的态度强调开始，即员工在工作过程应该具备质疑的精神。质疑的态度强调的是自我反思不盲从。不要盲从于师父、不要盲从于专家，强调的是自身明白不存疑。对此员工需要养成三个好习惯：（1）探索性的精神，其目的是使员工完全清晰所做的事情以及后果。（2）员工可以认识到犯错误和出现最坏情况的可能性对此有应急预案。（3）有识别异常工况的能力，通过深入调查能及时缓解并定期进行分析总结。（4）对意外情况不存疑确定解决了之后才可以继续，当员工认识到复杂技术可能会以不可预见的方式而失效需要做出保守决策。通过思维的多元化来避免群体思维，鼓励和重视不同的意见。

2.7.7　倡导学习型组织

学习型组织反映在：（1）组织的学习而不光是个体的学习；（2）工作学习化、学习工作化是源于实践而服务于实践，在工作当中学习，通过学习去指导实践；（3）习重于学强调其反思性与实践性；（4）要有创新性的学习不故步自封思想僵化地学老的知识，当然经典的东西是需要学但是更为注重学习新的变化、新的思想、新的理念、新的知识。创造学习型组织具体有如下要求：（1）高度重视运行经验，培育学习和应用经验的能力；（2）通过培训自我评估、纠正行动和对标来激励学习和提高业绩；（3）组织要避免自满，要培育不断学习的氛围，要着重培养事故随时发生的意识，通过培训加强管理标准和期望并且除了传授知识和技能之外还要灌输跟安全相关的价值观和理念。

2.7.8　评估和监督活动常态化

评估和监督是企业安全文化建设的重要环节。对于监督和评估活动前文提到安全文化在建设之初要开始评价，建设后的效果要进行评价。安全文化的评价可以分成三个阶段：（1）基础条件的评价。（2）现状的审核。（3）安全文化建设成果的调研，对此可以看出是全方位对安全文化的水平状况进行评估。那具体而言评估和监督活动的常态化有如下的一些要求：（1）自我评估和独立的监督相结合并作为一种综合平衡的方法，即自我监督和外审相结合，并定期地审查和调整以实施安全文化评估。（2）重视各方面的人员包括质保人员、评估人员、独立监督人员和普通员工提出的意见和建议。（3）定期向高层管理人员和董事会成员汇报监督结果，使其深入地了解企业的安全业绩和存在的各种各样的问题以及提出的各种改进的意见。

3 储罐的结构与附件

应用最广泛的金属储罐是用钢板焊接而成的。早期的金属储罐壳板之间多采用铆接和螺栓连接。这类储罐拆迁方便，但施工麻烦，严密性较差，目前除少量老储罐在役外，新建储罐全部是焊接金属储罐。

立式金属储罐由底板、壁板、顶板及储罐附件组成。其罐壁部分的外形为母线垂直于地面的圆柱体。按照罐顶的结构形式，立式金属储罐又分为多种，其中目前应用最广泛的是拱顶储罐和浮顶储罐。立式金属储罐的设计容量从百立方米到几十万立方米。不管容量大小或罐顶结构形式如何，立式金属储罐一般都是在现场焊接安装；底板直接铺在储罐基础上，其基础、底板、壁板、顶板的做法基本相同。

3.1 立式拱顶金属储罐

3.1.1 储罐基础

3.1.1.1 基础的技术要求

（1）对地基的要求。

储罐基础是储罐壳体本身和所储存油品重量的直接承载体，并将这些荷载传递给地基。建造储罐地基土壤的内摩擦角应不小于30°，地质要均匀，耐压一般不小于100～180kPa，地下水位最好低于基槽底面30cm。地质条件不良的地方不宜建罐，当必须在地质条件不良的地方建储罐时，应对地基进行特殊处理，以防发生不均匀沉降或基础破坏。

（2）基础的做法。

储罐基础的一般做法是从下往上依次为素土层、灰土垫层、粗砂碎石垫层、沥青砂垫层。各层铺平夯实，以增强基础的稳定性，也可以采用碎砖三合土夯实来代替灰土垫层。

粗砂碎石垫层是采用含泥量不超过5%，厚度200～300mm，铺成中心高、周边低的锥体。其作用是（粗砂碎石的毛细管作用小，地下水穿过粗砂碎石垫层上升高度不超过150mm）减轻地下水对储罐底板的腐蚀。另外，砂粒间的黏结力小，具有弹性，能将储罐底板传递的压力均匀分布在地基上，起到限制储罐不均匀沉降发展的作用。

沥青砂垫层厚度一般不小于100mm，且应滚压密实。沥青砂垫层是用杂质含量不超过4%的中砂或细砂同沥青加热后均匀搅拌而成。沥青砂垫层表面，由罐底中心坡向周边的锥面坡度不应大于1.5%，基础沉降基本稳定后的锥面坡度不应小于0.8%。其作用是防止底板腐蚀，延长使用寿命。为保证油品质量，近年来航空燃料油多采用倒锥面，即中心低于周边。

（3）大型储罐基础。

大型储罐或罐壁较高的储罐，一般要在罐壁下做钢筋混凝土环墙基础。基础中心线的直径应与储罐的公称直径相同。环墙厚应不小于300mm，其高度应考虑工艺安装标高和沉降的预抬高量，还应考虑到环基刚度能适应可能出现的不均匀沉降情况；当地基较软、均匀性较差，或沉降较大时，环基应适当加高、加大。此外，基础底面下地基单位面积上的压力，应与储罐下面同深度处的压力大致相等。

（4）储罐基础顶面。

储罐基础顶面应找平，试水与投入使用后的调整储罐不均匀沉降，都要注意基础顶面平整，使罐壁荷载均匀分布在基础上，罐底板要防腐，基础能经久耐用。

3.1.1.2 储罐基础型式

储罐基础应根据储罐的类型、容量和使用要求，地形、地貌、地质条件，以及施工技术条件等因素，合理选定基础型式。

常用的储罐基础型式有下列5种。

（1）护坡式储罐基础。

若地基土的承载力能够满足储罐荷载的要求，且沉降量较小时，一般采用护坡式储罐基础：采用块石灌浆护坡、石砌护坡、混凝土护坡等，其结构如图3.1所示。

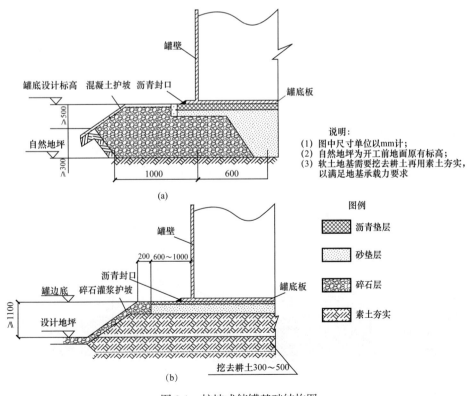

图 3.1　护坡式储罐基础结构图

（2）块石环墙式基础。

若地基土的承载力能够满足储罐荷载的要求，但沉降量较大时，一般采用块石环墙式储罐基础，其结构如图 3.2 所示。

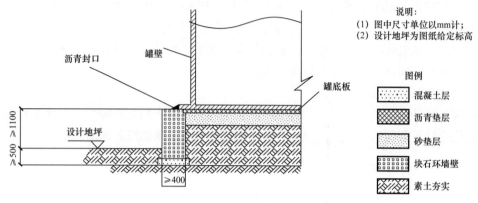

图 3.2 块石环墙式基础

（3）钢筋混凝土环墙式储罐基础。

若储罐建造在软土上或在地震区时，一般采用钢筋混凝土环墙式储罐基础，其结构如图 3.3 和图 3.4 所示。

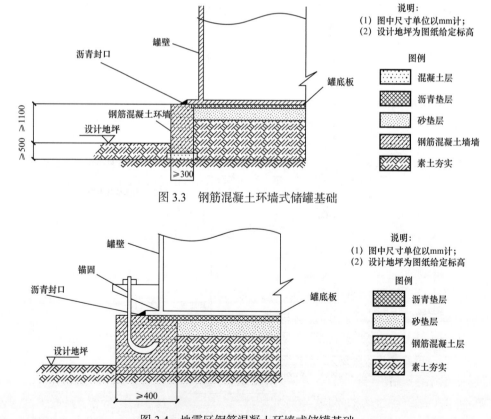

图 3.3 钢筋混凝土环墙式储罐基础

图 3.4 地震区钢筋混凝土环墙式储罐基础

（4）外环墙式基础。

在软弱地基上建造储罐时，对于容量为 2000m³ 以上的浮顶储罐一般采用外环墙式储罐基础，其结构如图 3.5 所示。

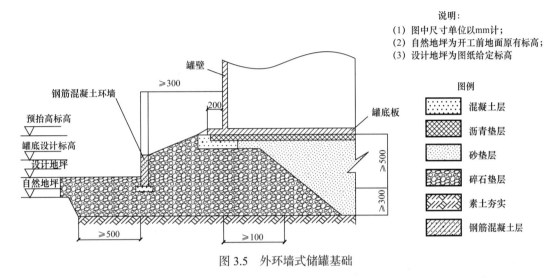

说明：
（1）图中尺寸单位以 mm 计；
（2）自然地坪为开工前地面原有标高；
（3）设计地坪为图纸给定标高

图 3.5 外环墙式储罐基础

（5）特殊构造的储罐基础。

若罐内储存介质的温度为 80～100℃时，对储罐的基础构造要求做特殊处理，其结构如图 3.6 所示。

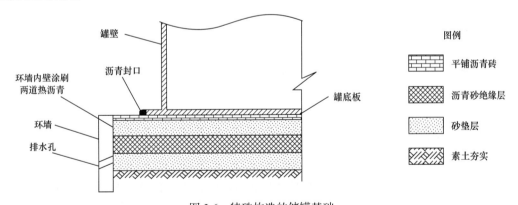

图 3.6 特殊构造的储罐基础

（6）储罐基础的作用。

① 使罐体荷载传递给地基的压力分布较为均匀。

② 环墙顶面为坚实的水平面，便于罐体安装。

③ 环墙为罐底同填土（如沥青砂垫层，砂和碎石垫层、夯实灰土和素土垫层等）的围护结构，在储罐的邻近开挖，防止地基土流失。

④ 具有防潮作用。

⑤ 防止储罐产生过大的不均匀沉降。

3.1.2　储罐底板

立式金属储罐的底板虽然受到罐内油品压力和储罐基础支撑力，但所受的合力为零，从这一情况看，底板只起密闭和连接作用，可以很薄。但是，由于底板的外表面与基础接触，受土壤腐蚀严重；底板内表面接触油品受沉积水和杂质的腐蚀，再加上底板不易检查维护，所以应有足够的腐蚀余量，一般采用厚度为 4～6mm 的钢板，容量超过 5000m³ 的储罐采用 8mm 的钢板。

罐底周边与罐壁连接处应力比较复杂，因此底板外缘的边板采用较厚的钢板，容量不超过 3000m³ 的储罐，边板厚度为 4～6mm；容量为 5000～50000m³ 的储罐边板厚度为 8～12mm。

储罐底板的结构有两种形式，一种是储罐内径小于 12.5m 时，罐底可不设环形边缘板的底板；储罐内径不小于 12.5m 时，罐底宜设环形边缘板的底板，如图 3.7 所示。

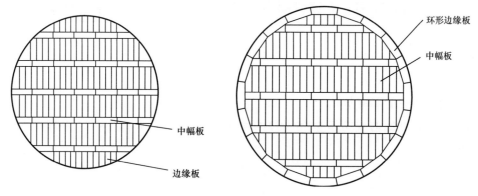

图 3.7　储罐底板结构示意图

储罐底板的设置根据油品质量要求分为锥形和倒锥形两种，一般成品油多采用锥形底板，航空燃料油多采用倒锥形底板，从底板中心引出排污管。

3.1.3　储罐壁板

壁板是储罐主要受力部件，在液体的作用下承受环向应力。液体压力随液面的高度增加而增大。壁板下部的环向拉力大于上部的环向拉力，因此在等应力原则下确定罐壁厚度为上小下大。中国现行规范中采用的罐壁顶圈板厚度（即壁板的最小厚度）是根据储罐的容量确定的。容量不大于 3000m³ 储罐的壁板厚度采用 4～5mm 钢板，容量为 5000～10000m³ 储罐的壁板厚度采用 5～7mm 钢板，容量为 20000～50000m³ 储罐的壁板厚度采用 8～10mm 钢板。壁板底圈板厚度最大。因为储罐焊接后很难对焊缝进行热处理，因此以焊接后不进行热处理并保证焊接质量的条件来限制储罐壁板的最大厚度。美国和日本规定最大壁厚为 38mm，英国规定为 40mm，中国 50000m³ 储罐壁板的最大厚度为 32mm。

罐壁的竖直焊缝一般都采用对接，环焊缝根据使用要求可采用搭接，也可采用对接。壁板上下之间连接方式分为交互式、套筒式、对接式、混合式 4 种，如图 3.8 所示。

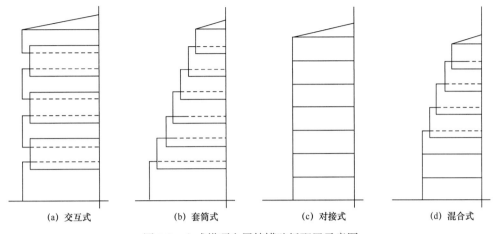

| (a) 交互式 | (b) 套筒式 | (c) 对接式 | (d) 混合式 |

图 3.8 立式拱顶金属储罐壁板配置示意图

壁板交互式连接是过去用于铆接储罐的一种形式，现在基本不再使用，只是在具有相同球缺形顶板、底板的立式金属储罐才采用这种方法。

壁板套筒式连接是把上层壁板插到下层壁板里面，环向焊缝采用搭接，壁板直径自下而上逐渐减小。套筒式施工方便焊接容易保证质量，使用广泛。

壁板对接式连接是上下壁板之间环焊缝采用对接的方法，储罐直径上下一致。对接式施工要求高，主要用于浮顶储罐，以保证浮顶上下运动时具有相同的密封间隙。

壁板混合式连接是下面几圈壁板采用对接方法连接，上面采用套筒式连接。混合式主要用于大型储罐。因下面几圈的壁板较厚，用搭接方法不易保证施工质量。这种连接方法已经很少使用了。

为保证焊接质量，对接焊缝在钢板厚度不小于 6mm 时应开坡口，搭接高度应为极厚的 6～8 倍，通常取 35～60mm。

3.1.4 储罐顶板

拱顶储罐的罐顶为球缺形，球缺半径一般取储罐直径的 0.8～1.2 倍。拱顶结构简单，便于备料和施工，顶板厚度为 4～6mm。当储罐直径大于 15m 时，为了增强拱顶的稳定性，拱顶要加设筋板。拱顶本身是承重构件，要有较大的刚性，能承受较高的内压，有利于降低油品蒸发损耗。一般的拱顶储罐可承受内压 2kPa，最大可达 10kPa；拱顶承受的外压（负比）为 0.5kPa。拱顶储罐最大经济容量为 1000m³，因此不推荐建造 10000m³ 以上的拱顶储罐。

按照结构形式，拱顶分为球形拱顶和准球形拱顶 2 种。

3.1.4.1 球形拱顶

球形拱顶的截面为单圆弧拱。它由罐顶中心板、扇形顶板和加强环（包边角钢）组成。扇形顶板设计成偶数，相互搭接，搭接宽度不应小于 5 倍钢板厚度，且不小于 25mm，实际上多采用 40mm。罐顶板与包边角钢之间的连接只在顶板外侧采用边连续焊，内侧严禁焊接，其原因是当火灾发生时可将罐顶掀开（掉）罐顶中心板与各扇形顶板之间采用搭接，搭接宽度一般为 50mm；加强环（包边角钢）用于连接顶板与壁板，并承受水平推力，预防产生较大压力而破坏储罐。

3.1.4.2　准球形拱顶

准球形拱顶的截面呈三弧拱，顶板中间是曲率半径为储罐直径的 0.8～1.2 倍大圆弧板，与壁板连接的顶板曲率半径是大圆弧板曲率半径的 0.1 倍，罐顶中心板是一个圆弧。这种结构形式的拱顶罐受力较好，承压能力较强，装油高度可到拱顶的 2/3 处，但由于施工困难，实际上很少使用。

3.1.5　立式拱顶储罐系列

立式球形拱顶储罐主要用于地面、半地下、山洞式储罐区。使用正压 2156Pa，负压 637Pa；试验正压 2695Pa，负压 774Pa。

3.1.5.1　立式准球形拱顶储罐系列技术数据

立式准球形拱顶储罐系列技术数据见表 3.1。

表 3.1　立式准球形拱顶储罐系列技术数据

罐号	名义容量（m³）	实际容量（m³）	高度（mm）	储罐直径（mm）	质量（kg）
LG-3	300	330	6356	8750	9459
LG-5	500	537	7315	10440	13815
LG-10	1000	1020	9733	12370	20886
LG-20	2000	2087	12632	15250	38247
LG-30	3000	2960	11752	19060	56409

3.1.5.2　立式球形拱顶储罐系列技术数据

立式球形拱顶储罐系列技术数据见表 3.2。

表 3.2　立式球形拱顶储罐系列技术数据

罐号	名义容量（m³）	实际容量（m³）	高度（mm）	储罐直径（mm）	质量（kg）
LG-1	100	110.4	5452	5500	4905
LG-3	300	309.8	8057	7500	9330
LG-5	500	519.8	9423	9000	12825
LG-10	1000	999.3	10488	12000	23208
LG-20	2000	2021	14241	14500	37224

罐号	名义容量（m³）	实际容量（m³）	高度（mm）	储罐直径（mm）	质量（kg）
LG-20 地	2000	2025.5	12379	15900	42889
LG-30	3000	3024.3	15664	17000	55221
LG-30 地	3000	3013.6	13631	18600	60607
LG-50	5000	5035.4	17428	21000	92397
LG-50 地	5000	5048.6	15472	22800	95147
LG-100	10000	10078	19397	28800	198642

3.1.5.3 内浮顶储罐系列技术数据

内浮顶储罐系列技术数据见表 3.3。

表 3.3 内浮顶储罐系列技术数据

罐号	名义容量（m³）	实际容量（m³）	高度（mm）	储罐直径（mm）	质量（kg）
LF-3	300	298	11015	6500	11761.6
LF-10	1000	1152	13894	11000	29684
LF-20	2000	2255	15866	14500	50714
LF-30	3000	3457	17719	17000	71587
LF-50	5000	5010	18142	20800	122953

3.2 立式浮顶金属储罐

立式浮顶金属储罐是近几年来广泛使用的一种储罐，根据储罐外壳是否封顶分为外浮顶储罐和内浮顶储罐两种。外浮顶储罐通常用于储存原油，内浮顶储罐一般用于储存轻质油品。

浮顶储罐的基础、底板、壁板与拱顶储罐大同小异，主要区别是增加了一个浮顶，其结构和操作使用比拱顶储罐复杂。

浮顶是一个覆盖在油面上并随油面升降的盘状物。由于浮顶与油面间几乎不存在气体空间，可以极大地减少油品的蒸发损耗，减少油气对人身的危害，减少油气对大气的污染，减少油气发生火灾的危险性。同时，浮顶储罐也可减缓油品的质量变化。浮顶储罐广泛使用于原油、汽油等易挥发性油品。这种结构的储罐投入较大，但从减少的油品损耗中可得到补偿，经济效益可观。

3.2.1 外浮顶储罐

外浮顶储罐的上部是敞口的，不再另设顶盖，浮顶的顶板直接与大气接触。从储罐结构设计的角度来看，外浮顶储罐不同于其他储罐的特点是如何解决好风载作用下罐壁的失稳问题。为了增加罐壁的刚度，除了在壁板上边缘设包边角钢外，在距离壁板上边缘下约1m处还要设置抗风圈。抗风圈是由钢板和型钢拼装组成，其外形可以是圆形，也可以是多边形。对于大型储罐，其抗风圈下面的罐壁还要设置一圈或数圈加强环，以防抗风圈下面的罐壁失稳。

外浮顶储罐不仅可以降低油品蒸发损耗，而且特别适宜建造大容积储罐。建造大容积储罐，不仅可以节省单位储油容积的钢材耗量和建设投资，而且可以减少罐区的占地面积，节省储罐附件和罐区管网。但是，由于外浮顶面直接暴露于大气中，储存的油品容易被雨雪、灰尘等污染，所以外浮顶储罐多用来储存原油，用于储存成品油的较少。中国设计的外浮顶储罐系列主要结构参数见表3.4。

表 3.4　中国设计的外浮顶储罐系列主要结构参数

储罐容量（m³）	储罐内径（cm）	浮盘直径（cm）		内边缘板（cm）		外边缘板（cm）		浮盘顶盘（cm）		浮盘底板（cm）		单盘板厚（cm）
		外径	内径	宽度	板厚	宽度	板厚	宽度	板厚	宽度	板厚	
10000	2850	2810	2510	75	0.8	80	0.6	150	0.45	150	0.5	0.5
20000	4050	4010	3610	74	0.8	80	0.6	200	0.45	200	0.5	0.5
30000	4600	4500	4060	72	1.0	80	0.8	250	0.45	250	0.5	0.5
50000	6000	5950	5350	71	1.0	80	0.8	300	0.45	300	0.5	0.5
70000	6800	6750	6050	69				350	0.45	350	0.5	0.5
100000	8100	8050	7250	68				400	0.45	400	0.5	0.5

3.2.2 内浮顶储罐

内浮顶储罐是在拱顶储罐内设置浮盘而成。由于有拱顶的遮盖，在浮盘上不会有雨、雪等外加荷载，阳光也不会直射到浮盘上引起液体汽化，因此，浮盘一般采用浅盘式或单盘式。制作浮盘的材料和方式有多种，新建储罐多采用钢板制作；而对于在役拱顶储罐改装内浮顶储罐时，多采用铝合金、工程塑料等材料制成部件，再用螺栓等装配而成。这种装配式浮盘已有定型产品可方便地从人孔中拿过去组装，施工周期短，操作也较方便。

内浮顶储罐兼有拱顶储罐和外浮顶储罐的优点，既减少蒸发损耗，也防止雨雪杂物对油料的污染，对储存成品油，特别是汽油和航空燃料很有利。另外，就材料消耗而言，虽然比外浮顶罐增加了拱顶钢材消耗，但同时也大大减少了附件的钢材耗量如减少了抗风圈、排水管等，与外浮顶储罐比较，钢材耗量还略小一些。

3.2.3 浮盘的结构

浮盘的结构形式有浅盘式、单盘式和双盘式 3 种，如图 3.9 所示。

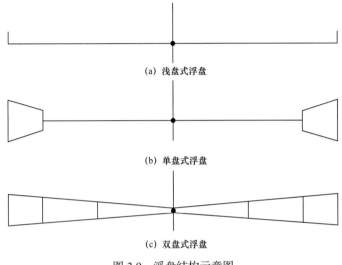

图 3.9　浮盘结构示意图

3.2.3.1　浅盘式浮盘

浅盘式浮盘是在一块单板的周围装垂直边缘，如图 3.10（a）所示。这是浮盘出现初期的一种形式。它存在着一些严重缺陷，一是当浮盘出现泄漏时，极容易引起浮顶下沉；二是遇有雪或雨水等附加荷载时，可能严重影响浮盘的稳定性；三是由于只有一层钢板，直接接触液体，阳光直射在浮顶上，可能导致顶板下部高挥发性流体沸腾。由于上述缺点的存在，这种形式已很少使用。

3.2.3.2　单盘式浮盘

单盘式浮盘是在浮顶的周边安装了一个环形浮盘，中间为单层板，如图 3.10（b）所示。浮盘内部由径向隔板分隔为若干个互不连通的隔舱，如有个别的隔舱渗漏时也不会使浮盘沉没，有效地克服了浅盘式浮盘的前两项缺点，因此得到了广泛的应用，也是目前应用最广泛的浮盘结构形式。但由于中心板仍为单板，在阳光直射下仍可能导致高挥发性油品沸腾，不适用于轻质油品使用。

3.2.3.3　双盘式浮盘

双盘式浮盘是由上下两层盖板组成。两层盖板之间由边缘板、径向板、环向板隔离成若干互不相通的船舱，如图 3.10（c）所示。

浮盘外缘环板与罐壁之间有宽 200～300mm 的间隙（大型罐可达 500mm），其间装有固定在浮盘上的密封装置。密封装置既要紧贴罐壁，以减少油料蒸发损耗，又不能影响浮盘的上下移动。因此，要求密封装置具有良好的密封性、耐油性，同时要坚固耐用，结构简单，施工维护方便，成本低廉。浮顶储罐的密封装置优劣对工作的可靠性和减少损耗效果具有关键作用。

3.2.4 密封装置结构

密封装置的形式很多，大体分为机械密封和弹性密封两类。早期主要使用机械密封装置，目前多使用弹性填料密封或管式密封，也有采用唇式密封或迷宫密封的。只使用上述任何一种形式的密封称为单密封。为了进一步降低蒸发损耗，有时又在单密封的基础上再加上一套密封装置，这时称原有的密封装置为一次密封，而另加的密封装置为二次密封。

3.2.4.1 机械密封装置

机械密封装置主要由金属滑板、压紧装置和橡胶织物三部分组成。金属滑板用厚度不小于 1.5mm 的镀锌薄钢板制作，高 1～1.5m。金属滑板在压紧装置的作用下，紧贴罐壁，随浮盘升降而沿罐壁滑行。金属滑板的下端浸在油品中，上端高于浮盘顶板，在金属滑板上端与浮盘外缘环板上端装有涂过耐油橡胶的纤维织物，使浮盘与金属滑板之间的环形空间与大气隔绝。根据压紧装置的结构，机械密封又分为重锤式机械密封（图 3.10）、弹簧式机械密封（图 3.11）、炮架式机械密封（图 3.12）3 种。机械密封是靠金属板在罐壁上滑行以达到密封和调中的。机械密封装置的优点是金属板不易磨损，缺点是加工和安装工作量大，使用中容易腐蚀失灵，尤其是罐壁椭圆度较大或由于基础不均匀沉陷而使壁板变形较大时，很容易出现密封不良或卡住现象。因此，机械密封装置正逐步被其他性能更好的密封装置所取代。

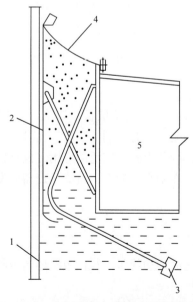

图 3.10　重锤式机械密封装置结构示意图
1—罐壁；2—金属滑板；3—重锤式压紧装置；
4—橡胶纤维织物；5—浮盘

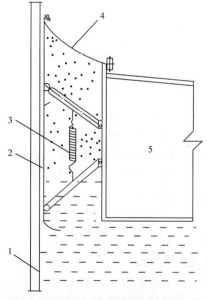

图 3.11　弹簧式机械密封装置结构示意图
1—罐壁；2—金属滑板；3—弹簧压紧装置；
4—橡胶纤维织物；5—浮盘

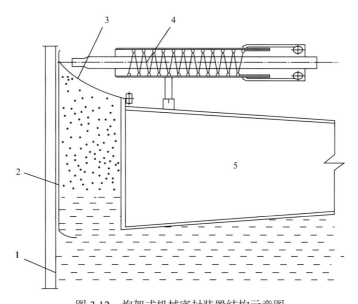

图 3.12 炮架式机械密封装置结构示意图

1—罐壁；2—金属滑板；3—橡胶纤维织物；4—炮架式压紧装置；5—浮盘

3.2.4.2 弹性密封装

弹性填料密封装置是目前应用最广泛的密封装置。它用涂有耐油橡胶的尼龙布袋作为与罐壁接触的滑行件，其中装有富于弹性的软泡沫塑料块（一般采用聚氨基甲酸酯），利用软泡沫塑料块的弹性压紧罐壁，达到密封要求。这种密封装置具有浮盘运动灵活，严密性好，对罐壁椭圆度及局部凸凹不敏感等优点。浮盘与罐壁的环形间隙一般为 250mm 时，安装弹性填料密封。当间隙在 150～300mm 变化时，均能保持很好密封。弹性填料密封装置的缺点是耐磨性差。因此安装这类密封装置的储罐内壁多喷涂内涂层这样既可以防腐，又可减少罐壁对密封装置的磨损。此外，在长期使用中，由于被压缩的软泡沫塑料可能产生塑性变形，其密封效果将逐步降低。

（1）弹性填料密封装置。

图 3.13 是弹性填料密封装置结构示意图。装有软泡沫塑料的橡胶尼龙袋全部悬于油面之上的是气托式弹性填料密封，橡胶尼龙袋部分浸入油品中的是液托式弹性填料密封。气托式密封的密封件与油品不接触，不容易老化，但密封装置和油面之间有一连续的环形气体空间，而且密封装置与罐壁的竖向长度较小，因此油品蒸发损耗与液托式密封相比为大。液托式密封件容易老化，但不存在连续的环

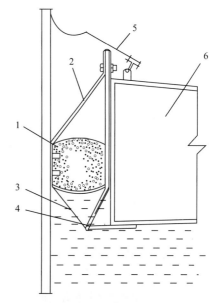

图 3.13 弹性填料密封装置结构示意图

1—软泡沫塑料；2—密封胶袋；3—固定带；
4—固定环；5—防护板；6—浮盘

形气体空间，降低蒸发损耗的效果更为显著。

采用弹性填料密封装置时，在其上部常装有防护板，又称风雨挡，对密封装置起到遮阳、防老化、防雨、防尘作用。防护板由镀锌铁皮制成。防护板与浮盘之间用多股铜质导线作电气连接，以防止雷电或静电起火。

（2）管式弹性密封装置。

管式弹性密封装置由密封管、充液管、吊带、防护板等组成，如图3.14所示。密封管是由两面涂有丁腈–40橡胶的尼龙布制成，管径一般为30mm，密封管内充以柴油或水，依靠柴油或水的侧压力压紧罐壁。密封管用吊带承托，吊带与罐壁接触部分压成锯齿形，以减少毛细管作用，对原储罐还能起刮蜡作用。吊带及密封管浸入油内，油面上无气体空间。由于密封管内的液体可以流动，因而管式密封装置的密封力均匀，不会因为罐壁的局部凸凹而骤增或骤减，对罐壁椭圆度有较好的适应能力，因而密封性能稳定，浮盘运动灵活。

（3）迷宫式密封装置。

图3.15是迷宫式密封装置结构示意图。迷宫式密封橡胶件由丁腈橡胶制造。它的外侧有6条凸起的褶和罐壁接触，相当于6条密封线。油气即使穿过一条褶进入褶和褶间形成的空隙，还要经过多次穿行才能逸出罐外，为迷宫式密封装置。浮盘上下运动时，褶可以灵活地改变弯曲方向。在浮盘下降时，可把附着罐壁上的油擦落，以减少黏附损耗。迷宫密封橡胶件的内侧（靠浮盘一侧）在橡胶内装有板簧，它是在橡胶硫化时与橡胶件组合液管在一起的，依靠板簧的弹力将密封件压在罐壁上。橡胶件的主体内有金属芯骨架，起增强作用。每块密封件两端的下部都有堰，以防浮盘升降时油品混入密封件。迷宫式密封装置结构简单，密封性能好，浮盘升降运动平稳。

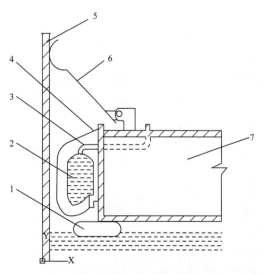

图3.14　管式弹性密封装置结构示意图

1—限位板；2—密封管；3—充液管；4—吊带；5—罐壁；
6—防护板；7—浮盘

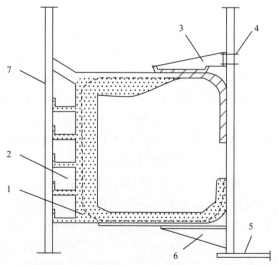

图3.15　迷宫式密封装置结构示意图

1—密封橡胶件；2—褶；3—上支架；4—螺栓；5—浮盘；
6—下支架；7—罐壁

（4）唇式密封装置。

同迷宫式密封装置类似的还有唇式密封装置，如图 3.16 所示，其宽度调节范围为 130～390mm。

（5）二次密封装置。

二次密封装置可以单独使用，也可以和附加密封一起使用。两者共同使用时，二次密封装置可装在机械密封金属滑板上缘，也可装在浮盘外缘环板的上缘，后者主要用于非机械密封装置。二次密封装置多依靠弹簧板的反弹力压紧罐壁，利用包覆在弹簧板上的塑料制品密封。装于机械密封装置上的二次密封装置可进一步降低油品静止储存损耗。

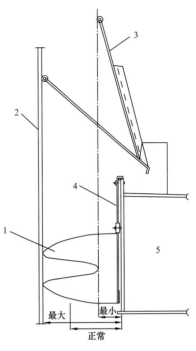

图 3.16 唇形密封装置结构示意图
1—唇形密封体；2—罐壁；3—防护板；
4—芯板；5—浮盘

3.3 储罐附件

储罐附件是储罐的重要组成部分，是保证储罐正常、安全地收发和储存油品的重要配套设备。按储罐附件的作用可分为进出油附件、计量类附件、呼吸装置 3 类，也可按专用附件和通用附件分类。特殊储罐或者储特定油品的储罐应配置专用附件，为便于使用管理而设置通用附件。此外，某些常用附件在不同类型的储罐上设置方式也有所不同。

3.3.1 进出油附件

3.3.1.1 最基本的进出油附件

最基本的进出油附件有进出油接合管和设于进出油管路上的控制阀，如图 3.17 所示。这基本流程和设备，可完成进出油作业，但是安全性较差一般只用于卧式储罐和小型储罐。

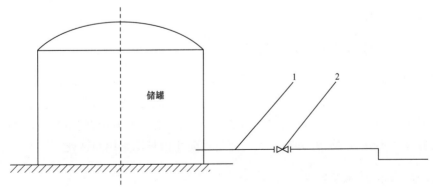

图 3.17 进出油系统流程示意图（一）
1—进出结合油管；2—控制阀门

3.3.1.2 进出油结合管及其控制阀

进出油结合安装在储罐最下层圈板上,其形式有两种:一种是不安装内部关闭阀的结合管,另一种是安装内部关闭阀的结合管。为防沉积在罐底的水分和杂质随油流出,进出油管距罐底一般不小于200mm。控制阀通常可选用闸阀或球阀,其公称压力必须符合储罐静压和泵送压力。

3.3.1.3 内部关闭阀

(1)内部关闭阀的种类。

内部关闭阀是较大立式储罐及重要储罐的主要安全附件,主要有两类:一类是安装在储罐进出油结合管的罐内侧,另一类是安装在储罐进出油结合管的罐外侧。

(2)安装在进出油接合管罐内侧的内部关闭阀。

这种内部关闭阀的结构有两种:一种是不带均压装置内部关闭阀,另一种是有均压装置内部关闭阀。当储罐高不大于6m时,罐内油品的静压力较小,一般采用不带均压装置的内部关闭阀。当储罐高于6m时,罐内油点的静压力较大,一般采用有均压装置的内部闭阀。这种阀门开启时,先打开小阀门,使进出油接合管内充满油品,在大阀门两边(进出油管与罐内)的压力趋于平衡后,再打开大阀门,从而使大阀门开启比较轻松。储罐高于6m时,也可用不带均压装置的内部关门阀,但加设旁通管,当需开阀时,先开旁通阀门,使静压平衡后再打开内部关门阀。

(3)安装形式。

安装在进出油接合管罐内侧的内部关闭阀有两种形式:一种是在罐侧壁用绞盘操纵,这种方法最致命的缺点是绞盘穿过罐壁的密封处容易渗漏;另一种是在罐顶安装操纵装置,这种方法虽然不易渗漏,但是操作需要上罐顶,劳动强度大。

(4)安装在储罐进出油结合管罐外侧的内部关闭阀。

内部关闭阀的操纵装置一直是个难题,为了克服安装在罐内侧的内部关闭阀的缺点,解决内部关闭阀的操纵装置问题,近年来利用杠杆原理和填料函密封原理研制了新型内部关闭阀,它安装在进出油结合管上,通过杠杆作用开启或关闭内部关闭阀,从而解决了内部关闭阀操纵装置存在的缺点。

3.3.1.4 出油管路上安装两只阀门

这种不设置内部关闭阀的流程使用较为普遍,如图3.18所示。靠近储罐的一只阀门,材料为铸钢的,起备用作用,平时常开,只有当远离储罐的那一只阀门(控制阀)出现故障或检修时才关阀。当然对于不经常进出油的储罐,两只阀门都常闭也是可以的。因为少量的开关操作,不仅对严密性影响不大,而且可防止因长期不用而锈死。

3.3.1.5 排污放水装置

排污放水装置与进出油装置共同构成储罐的进出油系统,其流程形式根据罐的类型及作用而定。通常作为储存油用的储罐由于管路系统中多数不设专用放空管网，其流程形式如图 3.18 所示。

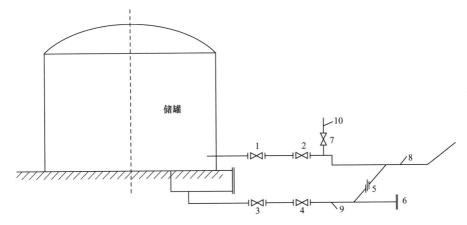

图 3.18 进出油系统流程示意图（二）

1，3—备用阀门；2，4—控制阀门；5—眼圈盲板；6—堵头；7—进气支管控制阀门；8—进出油管；9—排污放水管；
10—进气支管

排污放水装置按其形式分为固定式放水管和带集污槽的放水管两种。

（1）固定式放水管。

固定式放水管由排污放水管、阀门、堵头等组成。卧式储罐一般设一道阀门，立式储罐一般设两道阀门。

（2）带集污槽的放水管。

带集污槽的放水管由排污管、阀门、集污槽等组成。这种形式的排污装置，军队油库使用较多，地方油库使用较少。

（3）排水阻油器。

为防止放水过程中误操作而使油品流失，立式储罐可安装 UMP93-80（或 50）型排水阻油器。

① 主要技术参数。

型号规格：UMP93-80 ⑦，UMP93-50 ⑦（注：工程上一般用①表示槽头连接、②表示插入式连接、⑦表示法兰连接）。

工作温度：常温。

工作压力：0～1MPa（储油高小于 13m 的储罐）。

适用介质：汽油、航空燃料油，或相对密度小于 0.79 的液体。

② 安装位置。

排水阻油器直接安装在排污控制阀门外端，使其筒体或排水口位于集污井内，如图 3.19 所示。

操作使用：在首次排水时，缓慢旋开上盖的排流阀门，排出筒内气体，有水溢出时立即关闭排流阀。当压力表指示有储罐液位压力时，缓慢开启出口球阀，开始排水。当排水末端有油进入分液筒时，筒内阀门会自动关闭而停止排水，压力表指示为零，关闭出口球阀，结束排水作业。

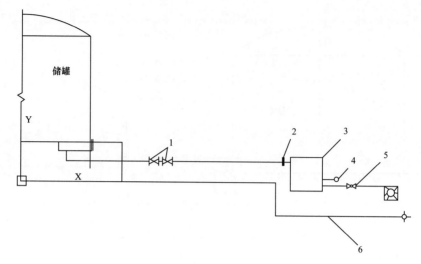

图 3.19　储罐排水阻油器安装示意图

1—阀门；2—连接法兰；3—排水阻油器；4—压力表；5—球阀；6—集污井

　　维护保养：定期清洗排水阻油器内部，确保各零件接触面和相对运动孔眼清洁、畅通；若储罐底部积水较脏，宜在排水阻油器进液口前安装管式过滤器；清洗储罐的大量污水不宜由排水阻油器排放。

　　（4）其他形式的放水设施。

　　① 图 3.20 是设有专用放空管路的储罐进出油系统流程。这种流程中的放空管网可兼作排水，称为双管流程。

　　② 油品质量要求较高的储罐，一般采用图 3.21 所示的流程形式，这种流程中进油管、出油管、排污放水管均分开设置，称为三管流程。

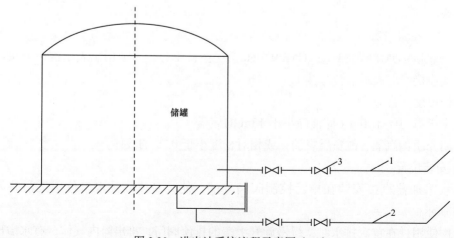

图 3.20　进出油系统流程示意图（三）

1—进出油管；2—放空管；3—阀门

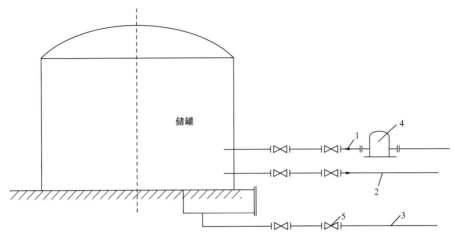

图 3.21　进出油系统流程示意图（四）

1—进油管；2—出油管；3—排污放水管；4—过滤器；5—阀门

3.3.1.6　进气支管

进气支管安装在进出油控制阀的外侧，一般由 DN20 镀锌钢管和截止阀组成，为放空管路提供大气。进气支管可每座储罐设置一只，也可同种油品管路的储罐组设一只。储罐组设进气支管时，一般设置在最高位置（通常也是最远）的储罐前。如果管路需要放空，在放空罐有富余容量的情况下，应先关闭储罐进出油阀门，再开启管路到放空罐的阀门，最后开启进气支管上的阀门，由进气支管向管路中补充空气。

3.3.1.7　胀油管装置

储罐进出油作业后，在管路中的油品不排空时，一般应设置胀油管。其原因是管路内油品会受外界气温影响而热胀冷缩，从而损坏管路和附件。

胀油管设置在储罐进出油管控制阀的外侧。胀油管装置一般由镀锌钢管、控制阀、安全阀等组成。胀油管装置上部与储罐气体空间连通，下部与进出油管连接，储罐进出油作业后，若不放出管路内油品时，打开胀油管装置的控制阀，油品受热膨胀达到安全阀控制压力时，可以顶开安全阀进入储罐，以保证管路和附件不被损坏。胀油管装置可每座储罐设置一组，也可在同一种油品的储罐组相连油的管路上的较高位置储罐前设置一组。安全阀的控制压力应根据油泵的最高压力和管路系统所能承受的压力而定，控制压力过大，不能保证管路安全，过小则输入其他罐的油品有可能窜入本储罐（图 3.22）。

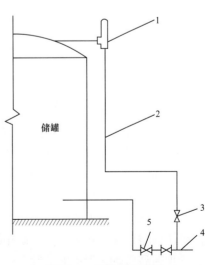

图 3.22　胀油管示意图

1—安全阀；2—胀油管；3—截止阀；

4—输油管；5—阀门

3.3.2　计量附件

3.3.2.1　量油帽

量油帽是储罐手工测量附件。它是测量罐内油面高度、油品温度和采取油样的储罐专用附件，每个储罐设一只。

卧式储罐一般安装在人孔盖上，立式储罐的量油孔安装在罐顶部中顶板上或梯子平台附近。当安装在梯子平台附近时，量油孔中心线一般离平台中心线约 0.8m，离罐顶边缘约 1m。

量油帽由帽体、帽盖、扳手、卡板（护板）、密封圈、短管等组成，通常由铝合金制造。扳手带有压簧，开启或关闭时都要压缩弹簧；转动扳手使卡板拖出或进入卡槽，即可开启或关闭。扳手把一端圆环与铰链孔相吻可上锁或铅封。为防止操作使用时产生静电火花，在量油孔附近或量油孔上设接地端子，测量油高、油温、取样时，量油尺、取样器等轻储罐量油帽与接地端子连接。这种量油帽关闭严密，不漏油气。

3.3.2.2　液位计及自动计量装置

（1）卧式储罐液位测量。

为了方便计量和观测罐内液位，卧式金属储罐通常使用液位计。液位计由底板、玻璃管、阀门保护装置等组成，通常每罐安装一只，测量时打开阀门，即可从液位计上读出液位高度。这种液位计除部分在役油库仍在使用外，已经逐步淘汰。现在使用较多的是磁效应等液位仪，这种液位仪可与计算机联网，传送测量数据。

（2）立式储罐液位测量。

随着计量技术的不断发展，储罐的液位自动计量装置也在不断发展，从 20 世纪 80 年代使用称重式储罐液位计量装置开始至今，陆续出现了钢带、光纤、浮子丝振动、超声波、雷达等多种。储罐液位自动计量装置，并可以远传与计算机联网。自动测量装置正在逐步代替手工测量。

3.3.3　呼吸系统及附件

罐内存在气体空间的储罐，在进出油和储存过程中，其气体空间的压力会发生变化，需要进行呼气和吸气，从而保证储罐不被吸瘪或胀裂。通常储罐进出油时形成的呼气和吸气过程称为大呼吸。储存期间由于温度变化而引起的呼气和吸气过程称为小呼吸。储罐呼吸系统的作用就是为满足储罐大呼吸和小呼吸需要而设置的。

储罐呼吸系统的作用：一是控制罐内压力，减少蒸发损耗；二是引导油气排放到适宜的场所，防止油气积聚；三是防止罐外危险温度和明火进入储罐，预防着火爆炸事故；四是维护油品质量，保护人员健康。

对于储存不易蒸发、闪点较高的润滑油等油品罐的呼吸系统，一般都不控制压力，主要作用是通气和保护油品，称为通气系统。因此，储罐呼吸系统主要是对原油储罐和轻质油品储罐而言的。储罐的呼吸系统通常由呼吸管、呼吸阀、阻火器等组成，其具体设置因储罐的形式不同而有所差别。

3.3.3.1 储罐呼吸系统

（1）地面立式储罐及半地下立式储罐呼吸系统。

地面立式储罐和半地下立式储罐的呼吸系统有多种配置方式。

呼吸系统由呼吸管、阻火器和机械呼吸阀组成，在寒冷地区可采用机械呼吸阀、液压安全阀、阻火器组合，或者全天候呼吸阀、阻火器组合。液压安全阀的控制压力比机械呼吸阀的控制压力大 5%～10%，在机械呼吸阀失效时具有安全阀的作用，故称为液压安全阀。凡储存轻质油料的地面、半地下立式储罐都应独立安装阻火器和呼吸阀，且阻火器和呼吸阀必须安装在露天，并应有防止油气进入储罐室内的措施。

（2）巷道式储罐呼吸系统。

巷道式储罐呼吸系统由呼吸管线、管道式呼吸阀、U形压力计、清扫口、放液阀、防雷绝缘短管等组成。

① 呼吸管线。

巷道式储罐应按油品设置专门的呼吸管线。呼吸管线应合理液布置，尽量减少转弯。

a.呼吸管线安装时，一般采用不小于 3% 的坡度。

b.呼吸管线穿过储罐室的密封墙、巷道防护门时，均须加穿墙套管且作防腐处理，用非燃材料封堵孔缝。

c.呼吸管路应采用标准焊接钢管或无缝钢管，整个系统应严密不漏气。

d.呼吸管出口距洞口的水平距离不小于 20m。

e.呼吸管出口端部应安装防尘防雨阻火器，或者安装普通阻火器和制式防尘防雨通气罩。阻火器的安装一律出口朝上，不准"倒挂金钟"；阻火器的上面不得装设管段（包括弯管）。

② 管道式呼吸阀。

a.管道式呼吸阀在安装前必须校验其控制正负压力，检查其动作的灵活程度，审阅说明书、合格证等技术文件。

b.管道式呼吸阀安装一定要垂直，不得歪斜，以保证呼吸阀正常工作。

c.管道式呼吸阀安装完毕，要由专人负责打开阀盖检查其正、负压阀盘是否在正常位置。检查合格后，立即铅封。定期检修校验时，也应采用同样安全措施。

d.由于储油洞库呼吸管较长，摩阻较大，为了保险起见，在收发油时，要打开该呼吸阀的旁通控制阀门（也称为大呼吸控制阀，阀门应选用明杆闸阀）。

③ U形压力计。

U形压力计是用来监测罐内气体空间压力的，其安装要求如下：

a.U形压力计与呼吸阀门设于操作间。U形压力计的安装应符合产品技术要求，悬挂位置适当，便于观察，管路连接严密牢靠。

b.与呼吸管的连接口不得设在管子下部最低点，以防冷凝液流入。

c.金属引压短管上安装一个旋塞阀，引压短管与压力计的玻璃管之间的连接选用尼龙管，尼龙管应成弧形连接，不得折死角。

d.U形管中灌适量红色水，便于清楚地观察储罐内正、负压力值。

④ 清扫口（排渣口）。

呼吸立管中的铁锈渣落在立管与水平管的转弯处，天长日久就可能堵塞呼吸管道或减少呼吸管截面积，从而导致储罐破坏事故，因此对于较长的呼吸立管（如储罐处及洞口处的呼吸立管）在下部转弯处必须设置清扫口，并注明排渣日期。

排渣口的安装应做到开设位置合理，排渣方便，联结牢固，密封可靠。

⑤ 放液阀。

为了排除呼吸管路中的冷凝液，保证呼吸管路的畅通，应在呼吸管路上设置放液阀，其安装要求如下：

a.放液阀的安装位置应选在呼吸管下坡段的最低点，呼吸管有台阶式变换标高或设置阀件、管件时应适当增设放液阀。

b.放液阀安装位置较低时，阀门出口可不设置短管。

c.放液阀与呼吸管连接的短管头，不得超过呼吸管内壁表面，以防阻碍液体流出。

⑥ 防雷绝缘短管。

在呼吸管的洞口内侧处（一般在总控制阀门处）须串联一节绝缘短管，将洞外与洞内的金属管线隔开，短管两端管线分别接地。

3.3.3.2 储罐呼吸系统主要设备

（1）呼吸阀的结构。

呼吸阀分为机械呼吸阀和液压安全阀两类，根据机械呼吸阀的结构和工作原理每类分若干种。

① 重力式机械呼吸阀。

重力式机械呼吸阀是由阀门体、压力阀盘、真空阀盘、导向杆等组成，是利用阀盘的自重来控制储罐内气体空间压力的一种呼吸阀，主要用于地上储罐和半地下储罐。

② 弹簧式机械呼吸阀。

弹簧式机械呼吸阀是由阀门体、（压力或真空）阀盘、（压力或真空）弹簧、支架等组成的，是利用弹簧的张力来控制储罐内气体空间压力的一种呼吸阀，控制压力较大，主要用在卧式储罐和储罐车。

③ 重力弹簧组合式机械呼吸阀。

重力弹簧组合式机械呼吸阀由阀门体、（压力或真空）阀盘、（真空）弹簧等组成，是利用阀盘的重力来控制储罐内正压的，利用弹簧的张力和（真空）阀盘重量来控制储罐内真空度。组合式机械呼吸阀的结构有两种形式，其主要区别是进出气口的外形有所呼吸阀结构示意图不同。一种用于地上、半地下储罐，一种用于洞室储罐。组合管道式呼吸阀一般用于洞室储罐呼吸系统。

④ 全天候机械呼吸阀。

全天候机械呼吸阀是由阀门体、（压力或真空）阀下盘、（压力或真空）阀座、导向杆等组成。其特点是阀座相互重解的立式结构，阀盘密封面与阀座密封面是带空气氟膜片垫的软挖排触，或者密封面上嵌入四氟乙烯。这种呼吸阀不易结霜、冻结，适用于寒冷地区储罐使用。

全天候机械呼吸阀，是为防止寒冷地区储罐呼吸阀结霜、冻结使呼吸阀失去对储罐的保护作用，在原呼吸阀的基础上研制的呼吸阀，解决了寒冷地区储罐呼吸阀容易结霜、冻结问题。

⑤ 多功能呼吸阀。

多功能呼吸阀是由内外壳体、压力阀组件、真空阀组件、（压力或真空）阀座、内壳体盖、防火组件、通气防尘罩等组成，是利用阀组件重量和配重盘来控制储罐内压的，用于地上、半地下储罐。

多功能呼吸阀是针对储罐系统存在问题（阻火器在呼吸阀下安装，呼吸阀排出口朝下），研究设计的一种新型呼吸阀。它解决了储罐呼吸系统存在的呼吸阀在下、阻火器在上，以及呼吸排气朝下的不合理、不科学问题。

⑥ 筒式液压安全阀。

筒式液压安全阀是由储液槽、悬起式隔板、安全阀罩盖、加油管等组成，它与呼吸阀安装于同一座（地上、半地下）储罐。

⑦ 蘑菇式液压安全阀。

蘑菇式液压安全阀是由中心管、阀底、阀门体、阀盘、保护网等组成，它与呼吸阀安装于同一座（地上、半地下）储罐。

（2）阻火器。

阻火器是阻止易燃气体和蒸气的火焰继续传播的安全装置，早在 1885 年出现了填充物式阻火器，其填充物有球状填充物和筛网填充物，1928 年阻火器开始使用于石油工业，以后广泛用于石油化工系统的输送易燃蒸气的管道、输送可燃混合气体的管道、储存易燃液体的石油储罐、油气回收系统、有爆炸危险性的通风管口、火炬系统等。

① 阻火器的结构与原理。

阻火器主要有波纹板型和金属网型两种。阻火器主要由壳体和波纹阻火芯板两部分组成。壳体应有足够的强度，以承受爆炸时产生的冲击压力，波纹板型阻火芯板是阻止火焰传播的主要构件。金属网型阻火器阻止火焰传播的构件是 12 层（8 层）16 目铜网或不锈钢网。储罐呼吸系统应选用波纹板型阻火器。

波纹板型阻火芯板是由锌白铜合金带或不锈钢带组成，金属带经专用设备压制卷成圆盘，形成很多横截面大小相等的三角形沟槽。用两个或三个这样的圆盘组合成柱形波纹阻火芯。

阻火器熄灭火焰的原理有器壁效应和传热作用两种。根据连锁反应理论，可燃混合气的燃烧并不是两种分子直接碰撞发生化学反应的结果，而是极少数气体分子受到光、热辐射或通过其他方式接受外界提供的能量后，首先离解为活化分子自由基（带自由电子的原子或原子团），这些活化分子自由基与另些分子碰撞产生新的自由基，新自由基又与其他气体分子碰撞，从而形成一系列的连锁反应使火焰迅速向未燃气体传播。如果活化分子自由基碰撞到器壁上，就会被器壁吸附，在器壁表面与来自器壁的自由基相互作用形成不活化分子，从而使连锁反应的速度减慢，如果吸附于器壁的气体活化分子自由基足够多时，就会扼制火焰向未燃气体传播，这种现象称为连锁反应的器壁效应。

阻火器就是利用阻火芯吸收热量和产生器壁效应来阻止外界火焰向罐内传播的。火焰进入阻火芯的狭小通道后被分割成许多小股火焰，一方面散热面积增加，火焰温度降低；另一方面，在阻火芯片通道内，活化分子自由基碰撞器壁的概率增加而碰撞气体分子的概率减小，由于器壁效应而使火焰前锋的推进速度降低，使其不能向罐内传播。

② 波纹板型阻火器的型号。

波纹板型阻火器有 GZBI 波纹板型阻火器和 JZ-I 防爆罩波纹板型阻火器。

GZBI 波纹板型阻火器与机械呼吸阀配套使用，主要规格有 DN50mm、DN80mm、DN100mm、DN150mm、DN200mm、DN250mm。

JZ-I 防爆罩波纹板型阻火器是将波纹板型阻火器和防爆罩结合成一体，起防水、防尘、防爆、阻火作用。可安装在洞库油气呼吸管末端、加油站卧式储罐通气管上，也可和管道式呼吸阀配套使用，装在地面、半地下储罐罐顶。JZ-I 防爆罩波纹板型阻火器主要规格有 DN50mm、DN80mm。

3.3.4 储罐通用附件

3.3.4.1 梯子和栏杆

（1）梯子是为操作人员上罐进行量油、取样等操作而设置的。目前应用最广的有罐壁盘梯和立式斜梯。

为适合于人的习惯，罐壁盘梯自上而下沿罐壁作逆时针方向盘旋，使工作人员下梯时可右手扶栏杆。梯子坡度为 30°～40°，踏步高度不超过 25cm，踏步宽度为 20cm 左右，梯宽度为 0.65m。梯子外侧设 1m 高的栏杆作扶手。盘梯的踏板，靠近罐壁一侧直接焊在罐壁上，另一侧焊在盘旋状型钢上，并用斜撑杆固定于罐壁，不另设支架。为方便操作，盘梯底层踏板一般靠近储罐进出油管线。罐壁盘梯占地面积少、节省钢材，因而得到广泛应用。

（2）斜梯多用于小容积储罐或小容积储罐组。斜梯占地面积大，钢材消耗量多。

（3）栏杆一般在储罐顶部的周圈上，有的量油孔或采光孔旁的罐顶四周设局部栏杆，以保证工作人员的操作安全，栏杆高 0.8～1m。另外，从梯子平台通向呼吸阀、采光孔的区间设有防滑踏板。

3.3.4.2 人孔

人孔设在罐壁下部，是供清洗和修理储罐时作业人员进出储罐和通风使用的。

油雄容量为 1000m³ 以下时，一般设一个人孔；1000m³ 及以上时设两个人孔，并对称设置。人孔设置在储罐底层壁板上，其中心距储罐底板 70m，人孔应设在进出油管右侧（一般 7° 左右）。为方便人员进出和维修储罐时通风接管，山洞储罐的人孔应尽量和洞室密闭门相对。人孔安装位置还应离开储罐底板焊缝 50m 以上。人孔的直径通常为 60m。

由于人孔安装在储罐的底层壁板上，防渗漏就显得特别重要。要求两法兰接合面必须保证其平直度，加强板和法兰应尽量为整块钢板而不是拼接钢板。法兰和盖板上加密封圈；在施工中要特别注意保护密封面；耐油橡胶石棉垫片（厚度 3mm）不允许有折裂，垫片涂石墨滑脂；人孔盖板上紧螺栓时，应对称均匀上紧，以防人孔盖变形。

3.3.4.3 采光通风孔

采光孔设在储罐顶部，用于储罐检修和清洗时采光或通风用。采光孔直径为 500mm，设置的数目与人孔相同。储罐设一个采光孔时，应在进出油管上方的储罐顶部或储罐中心位置；设两个光孔时，采光孔与人孔应尽可能沿圆周均匀分布；采光孔外缘距罐壁一般为800～1000mm。

山洞立式储罐的通风孔安装在罐顶板中心，主要用于储罐洗修时通风使用的。通风孔上部与通风管连接，平时用眼圈盲板封闭。洗修储罐时调转眼圈盲板，接通通风管，罐内便可进行机械通风。

3.3.5 浮顶储罐专用附件

3.3.5.1 内浮顶储罐

内浮顶储罐与一般拱顶储罐相比，有许多附件是不同的，主要有 7 种。

（1）通气孔。

内浮顶储罐液面虽然全部为内浮盘覆盖，但在实际使用中，由于制造误差和运行中的磨损，各结合部位密封面会有油气泄出；当浮盘下降时，黏附在罐壁上的油品是会蒸发的。因此，内浮盘与拱顶间的空间会有油气出现。为防止油气积聚，在罐顶和罐壁上设置了通气孔。

① 罐顶通气孔安装在罐顶中心位置，孔径不小于 250mm，周围安装金属网，顶部有防雨防尘土罩。

② 罐壁气孔安装在壁板上部，通气孔环向距离应不小于 10m，每个储罐至少应设 4个；总的开孔面积要求每米储罐直径在 $0.06m^2$ 以上；气孔出入口安装有金属丝护罩。

为使其空气充分对流，降低储罐内浮盘与拱顶空间的油气浓度，罐壁通气孔应为偶数并对称设置。

另外，罐壁通气孔在储油液位超过允许高度和自动报警失灵时，还兼有溢流作用。

（2）气动液位信号器。

气动液位信号器是储罐在最高液位时的报警装置。它安装在罐壁通气孔下端储罐最高液位线（安全高度线）上，由其浮子操纵气源启闭，气源管与设置在安全距离以外的气电信号灯通接，并能自动切断油泵电动机电源，停止工作。

（3）量油、导向管。

内浮顶储罐的量油、取样都在导向管内进行，因此导向管也是量油管。导向管上端接气动液位信号器罐顶量油孔，垂直穿插过浮盘底，兼起浮盘定位导向作用。为防止浮盘升降过程中摩擦产生火花，在浮盘上安装有导向轮座和铜制导向轮；为防止油品泄漏，导向轮座与浮盘连接处、导向管与罐顶连接处都安装有密封填料盒和填料箱。

（4）静电导出装置。

内浮顶储罐由于浮盘与罐壁之间多采用橡胶、塑料类绝缘材料作密封材料，浮盘容易积聚静电，且不易通过罐壁消除。因此，在浮盘与罐壁之间都要安装导静电连接线。安装在浮盘上的导静电连接线，一端与浮盘连接，另一端连接在罐顶的采光孔上。其选材、截面积、长度、根数由设计部门根据储罐容量确定。

（5）带芯人孔。

一般储罐的人孔与罐壁结合的筒体是穿过罐壁的，这种人孔不利于浮盘升降和密封。带芯人孔是在人孔盖内加设一层与罐导向管壁弧度相等的芯板，并与罐壁齐平。为方便起闭，在孔口结合筒体上还有转轴。操作时，人孔盖不离开储罐，内浮顶储罐人孔一般2个：一个设在距罐底板约700mm，用于清洗储罐及检修时人员出入；另一个设在距离储罐底板约2400mm处（方便操作人员进入浮盘上部）。

（6）浮盘支柱套管和支柱。

内浮顶储罐的套管和支柱由于设计单位和时期的不同，有不同的要求，但其作用都是支撑浮盘于一定高度。下面介绍一种套管和支柱的情况。

内浮顶储罐为方便对浮盘检修和储罐清洗，浮盘设有支撑浮盘于两个高度的套管和支柱。

第一高度距离罐底900mm，也就是浮盘下降的下限高度。支撑在这一高度的是浮盘套管。浮盘支柱套管穿过浮盘，并以加强板和筋板与浮盘连接。在浮盘周围堰板处的支柱套管高出浮盘900mm，其余部位的支柱套管高出浮盘400mm。支柱套管高出浮盘的一端设有法兰和盲板，平时用密封垫片、螺栓、螺母紧固密封。浮盘下部为500mm。

第二高度距离罐底板1800mm。支撑浮盘第二高度的支柱用外径小于支柱套内管（间隙应稍大点为宜）的无缝钢管制作，在浮盘堰板周围支柱套管的长度为2700mm，其余的为2200mm。在其端部设有与支柱套管相同的法兰，作为清洗、检修备用支柱。

在储罐清洗、检修时，把浮盘从第一高度抬高到第二高度抬高时向罐内注水，使浮盘上升到带芯人孔下缘部位。打开人孔进入浮盘上面，取下支柱套管顶端的盲板，将备用的钢管支柱插入套管，并将支柱上的法兰与套管上的法兰用螺栓连接紧固即可。

（7）浮盘自动通气阀。

浮盘在距离罐底500mm支撑位置时，为保证浮盘下面进出油品的正常呼吸，防止储罐浮盘下部出现憋压或抽空，在浮盘中部设有自动通气。

自动通气阀由阀体、阀盖和阀杆组成。阀体高370mm，直径300mm，固定在浮盘板，内有两层滚轮用来制导阀杆上下滑动。门盖由定位管销轴和阀杆连接，通过滑轮插盖在阀体上面。阀杆总高一般为100mm。浮盘在正常升降时，由于阀盖和阀杆的自重，使阀门盖紧贴在阀体上面，约有 730mm 的阀杆悬伸在浮盘下面的油品中；当浮盘下降到距罐底 730mm 时，阀杆先于浮盘支柱套管接触罐底，随着浮盘的继续下降阀杆把阀盖板逐渐顶起，当浮盘下降到支柱套管支撑位置时，阀盖板已高出阀体口 230mm，使浮盘上下气压保持平衡。当储罐由于进油或检修进水上浮盘浮到距罐底 730mm 以上高度时，阀体将阀盖和阀杆带起，恢复紧闭密封状态。

自动通气阀在浮盘检修时，阀盖阀杆应拔出，以便盘下放水并兼作通风口使用。

此外，有的储罐在浮盘上还安装有采光孔和人孔，以便进入浮盘下面进行检修。

3.3.5.2 外浮顶储罐

外浮顶储罐的附件除了与内浮顶储罐的附件相同的外，还一些专用附件，主要有 3 种。

（1）中央排水管。

外浮顶储罐的浮顶暴露于大气中，降落在浮顶上的雨雪如不及时排除，就有可能造成浮顶沉没。中央排水管就是为了及时排放积存在浮顶上的雨水而设置的。中央排水管由几段浸于油品中的 DN100 钢管组成，管段与管段之间用活动接头连接，可随浮顶的高度而伸直和折曲，所以又称排水折管。根据储罐直径的大小，每个罐内设 1～3 根排水折管。

（2）紧急排水口。

紧急排水口是排水管的备用安全装置。如果排水管失灵或雨水过大，来不及排水，浮顶上的雨水聚积到一定高度时，则积水可由紧急排水口流入罐内，以防浮顶由于负载过重而沉没。

（3）转动扶梯。

转动扶梯是为了操作人员从盘梯顶部平台下不到浮顶上而设置的。转动扶梯的上端可以绕安装在平台附近的胶链旋转，下端可以通过滚轮沿导轨滑动，以适应浮顶高度的变化。浮顶到最低位置时，转动扶梯的仰角不得大于 60°。

3.3.6 润滑油储罐专用附件

3.3.6.1 量油帽

由于润滑油不易挥发，润滑油储罐通常不设专门的呼吸装置，量油孔就兼有呼吸作用。因此，润滑油储罐量油帽的结构与轻质油品罐的量油帽不同，在帽内装有呼吸通风铜丝网。

3.3.6.2 起落管

润滑油储罐的起落管装于罐内，直接与进出油短管相连，连接处有转动接头，使起落管能方便地绕转动接头旋转。由于温差和沉降作用，储罐上部的油品比较干净，加热时上部油品的温度也比较高。利用起落管可以发出储罐上部的油品。当进出油管或其控制阀门受损失控时，可把起落管提升至油面以上，防止油品外流。安装起落管的储罐不需再装内部关闭阀。

起落管的提升角度一般不超过70°，因角度太大时，不容易依靠自重下落。为保证提升到70°时起落管口露出油面，起落管的最小长度 L 应为

$$L = \frac{h_2 - h_1}{\sin 70°} \tag{3.1}$$

式中　h_2——罐底至最高液位的高度，m；

　　　h_1——罐底至进出油管中心线的高度，m。

为了增大管口截面积，降低油品进入管口的速度，起落管的端管口加工成30°，便于利用卷扬设备在罐外操作。这种卷扬设备结构比较复杂，操作也不太方便。目前在役储罐还有这种起落管，新储罐不再安装这种起落管。

在容积较小的储罐中，不采用复杂的卷扬设备，而在起落管上装设浮筒。管口吊在活动浮筒下面，使管口总是保持在液下不深的位置上。浮筒随液面升降时，起落管随之升降。起落管与进出油管也是用转动接头连接。这种起落管的结构简单，但不能任意改变起落管口相对于液面的位置，当进出油管线及其控制阀出现故障时，也不能吊起它，起不到保险作用。这种浮筒式起落管在军队油库润滑油中应用较多。

3.3.6.3　加热装置

润滑油储罐内设置的加热装置分全面加热器、局部加热器（箱）2种。

（1）全面加热器。储罐采用的全加热器一般为排管蒸汽加热器，它是通过蒸汽把热量传给油品的一种间接加热法。

排管蒸汽加热器是根据润滑油需升的加热温度，计算出所需加热面积，将若干个单元排管进行不同排列组合而成。单元排管由直管段焊接而成，其流体阻力较小，施工简单，可用低压蒸汽（小于0.3MPa）加热。其缺点是接头多，容易渗漏。在油库中采用较为广泛。

（2）局部加热器。在设置排管蒸汽全面加热器的润滑油储罐内，为提高收发油品的温度，减少加热时间，可在罐内进出油管管口和起落回转接头之间增设一个局部加热器。加热面积17m² 左右。

（3）局部加热箱。油库作业量一般在40m³/h以下，在气候不太寒冷的地区，加热黏度不大的油品，加热油品由初温15℃升至45℃时，如使用全面加热器每次都要把罐内油品全部加热，不但加热时间长，而且热能浪费大；使用局部加热箱时，则可缩短加热时间，节约热量，而且不需要设置起落管，可有效降低成本。

4 储罐的运行管理及维护修理

据不完全统计，仅中国石油、中国石化两家企业近 10 年来新建的储备油罐，$10 \times 10^4 m^3$ 以上的就有近千座，加上企业原有的 $1 \times 10^4 m^3$、$2 \times 10^4 m^3$、$5 \times 10^4 m^3$ 不等的各种油罐，可谓规模庞大。同时表明，数量众多的油罐，增加了安全运行管理的难度及设备维护成本。因此，油罐安全运行和有效维护已经成为企业安全管理的头等大事。由于储油罐的特殊性质，一旦发生火灾或爆炸事故，加上油罐、罐群、管道等易燃易爆的环境因素，往往会波及范围广，社会影响巨大，灾害损失惨重，因此加强此类油罐安全方面的研究和事故预防，就显得尤为重要。

4.1 储罐的使用管理与维护修理

为了储罐安全运行，保证储油质量，延长储罐使用寿命，储罐正确使用必须建立健全技术档案，加强日常管理，加强储罐的维护检查，使储罐达到完好标准。

4.1.1 立式钢制储罐的完好标准

（1）地上储罐至库内各建、构筑物的防火距离，储罐距储罐的防火距离及防火堤的设置、储罐基础等符合 GB 50074—2014《石油库设计规范》的规定。

（2）在役储罐几何尺寸的规定。

① 罐壁板点蚀深度不超过表 4.1 规定值。

表 4.1 罐壁板点蚀深度允许最大值

钢板厚度（mm）	3	4	5	6	7	8	9	10	12
麻点厚度（mm）	1.2	1.5	1.8	2.2	2.5	2.8	3.2	3.5	3.8

② 罐顶板和壁板凹凸变形不超过表 4.2 规定值。

表 4.2 罐顶板和壁板凹凸变形允许最大值

测量距离（mm）	1500	3000	5000
偏差值（mm）	20	35	40

③ 壁板褶皱高度允许最大值不超过表 4.3 规定值。

表 4.3 壁板褶皱高度允许值

壁板厚度（mm）	4	5	6	7	8
褶皱高度（mm）	30	40	50	60	80

④ 罐底板余厚最小允许值不得小于表 4.4 规定。边缘板厚度 0.7t。

表 4.4 罐底板余厚允许最小值

底板厚度（mm）	4	>4
允许余厚（mm）	2.5	3

⑤ 底板不得出现 $2m^2$ 以上高出 150mm 的凸起；局部凹凸变形不大于变形长度的 2% 或超过 50mm。

⑥ 罐体倾斜度不超过 4‰，铅垂偏差值不超过 50mm。

（3）储罐漆层完好，不露本体，面漆无老化现象，严重色变、起皮、脱落面积不大于 1/6，底漆无大面积外露。

（4）储罐进出油管、排污管、量油孔、人孔、油面指示器（含自动测量装置）、胀油管（含安全阀）、升降管、旋梯、消防设备等附件齐全，技术性能符合要求；储罐加温装置的汽、水畅通，不渗漏，无严重锈蚀。

（5）呼吸系统配置齐全完好，呼吸管畅通，呼吸阀控制压力符合技术要求，垂直安装，启闭灵活，密封性良好；阻火器有效，阻火芯片清洁畅通，无积尘、堵塞、冰冻，呼吸管口径（不小于储罐进出油管直径）符合流量要求。洞库呼吸管设有清扫口，洞外呼吸管口距离洞口不得小于 20m，管口必须设置阻火器。

（6）防雷、防静电接地设置符合技术要求，连接牢固，接地电阻符合规定值（防雷接地电阻不大于 10Ω，防静电接地电阻不大于 100Ω），不能利用输油管线代替静电接地线。引至洞外的金属通风和呼吸管设有避雷针，其保护范围在爆炸危险 2 区之外。

（7）储罐液位下与储罐连接的各种管线的第一道阀门（含排污阀）必须采用钢阀。

（8）浮顶储罐密封装置及其螺栓、配件无腐蚀、损坏开裂、剥离现象，密封装置密封度大于 90%，浮盘升降灵活。浮顶中央凹陷处、夹层中无漏油，固定零件不与壁板摩擦。

（9）储罐配件材质、图纸、附属设备出厂合格证明书、焊缝报告、严密性及强度试验报告、基础沉降观测记录、设备卡片、清洗和检修及验收记录、储罐容积表等技术资料齐全准确。

（10）储罐编号统一，标志清楚，字体正规。

4.1.2 建立储罐技术档案

无论是新罐或是在役储罐，都应该建立技术档案。新罐从验收到第一次装油时起，就应按照储罐编号着手建立资料，以后每次技术鉴定或修理，都应认真记载，以便掌握储罐的技术状况。

储罐技术档案主要包括以下内容：

（1）储罐图纸、说明书、统一编号。

（2）储罐施工、大修情况记载。

（3）储罐竣工后的实际尺寸。

（4）储罐注水试验情况记载。

（5）附属设备性能一览表及其技术状况。

（6）每次技术鉴定和修理情况记载。

（7）储罐储油情况。

4.1.3 储罐的日常管理

（1）遇雷雨天气时应停止收发油作业，也不应上罐计量和取样。

（2）同品种储罐，尽量使其中一座储罐满装。

（3）储罐更换储油品种时，要按 SY/T 6696—2014《储罐机械清洗作业规范》刷罐。

（4）汽油等易挥发油品，可在呼吸阀下加防气流挡板，炎热地区可设喷淋降温装置或设防辐射遮阳板、隔热层、涂隔热漆等。

（5）轻质储罐清洗周期不得超过三年，重柴储罐清洗周期不得超过两年半，润滑储罐冲洗周期不得超过二年。

（6）储罐内不要垫水，储罐内如有油污水时，要通过放水阀或排水孔放出，特别在严寒地区，入冬前必须全面检查排放一次，地面、半地下储罐的排污阀还要做好防冻措施。

（7）储罐内油品加温时，其加热温度最高不要超过 90℃，还必须比该油品闪点低20℃。

（8）开启储罐上的各种孔盖时，要用有色金属制成的工具轻拿轻放，耐油橡胶垫要经常检查，使之保持完好无损。

（9）要经常检查呼吸阀的阀盘是否灵活，特别是遇有大风降温或暴雨的天气预报时，进出油时要检查一次。

（10）要经常检查洞库储罐呼吸管是否畅通，利用竖管排渣口、低凹处放水阀定期排除沉积物和冷凝水（油）；出口处的控制总阀，平时不得关阀。

（11）对于正常收发储罐，罐前有两道闸阀的，第一道闸阀应常开。

（12）计量、取样、测量时，器具一端要接地，且器具和绳索应紧固在储罐上。胀油管的入口，应弯向罐壁。

4.1.4 储罐安全容量的计算

表示储罐安全容量的参数有 3 个，即安全容积、安全高度、安全质量。储罐安全容积及安全高度一般可从储罐容积表中或图纸查得，而储罐储存油品的安全质量，需经计算求出。如罐内已储存部分油品，且接卸油品与罐内原有油品存在较大温差，还需计算平均油温和密度，才能计算出储罐欠装油的安全质量。

4.1.4.1　安全高度测量

储罐安全高度是指储罐储油的最大高度，即达到这个高度时不会因装得太满而使油品从泡沫灭火的泡沫产生器溢出或影响灭火。

（1）外测方法。将水准仪置于罐顶，整平仪器，从计量口下尺，使重尺砣触及计量基准点，读取视准轴至计量基准点的垂直距离 H_1；再用带有毫米刻度的木直尺，测量罐顶加强环至泡沫产生器喷射口下边缘的距离 H_2（取最小值），和泡沫产生器部位的罐顶加强环至视准轴的距离 B（取最大值），则壁板总高 $B=H_1-H_3$；泡沫产生器喷射口下边缘至计量基准点的距离 $C=H_1-H_2-H_3$。

（2）内测方法。将经纬仪水平地放置在罐内接近中心处，测量经纬仪与泡沫产生器喷射口下边缘的仰角 β，泡沫产生器喷射口上部壁板最高点的仰角 α，经纬仪至罐壁的水平距离 L，和经纬仪视准轴至罐底计量基准点的垂直距离 H_1，则圈板总高（取最小值）为

$$B=H_1+L\tan\alpha \tag{4.1}$$

泡沫产生器喷射口下边缘至罐底计量基准点的垂直距离（取最小值）为

$$B=H_1+L\tan\beta \tag{4.2}$$

（3）安全高度计算。

安全高度需预留灭火泡沫的厚度。不同油品和灭火物质所必需的泡沫厚度 A 一般为300mm。

当 $A>B-C$（没有消防设备）时，安全高度 H 为

$$H=B-A-K \tag{4.3}$$

当 $A<B-C$ 时，安全高度 H 为

$$H=C-K \tag{4.4}$$

式中　K——测量件误差而取的安全系数，一般取 10mm。

（4）测量油高的安全事项。

①测量人员应严格执行区域安全规定。不得带入火种，不能穿着带钉鞋和化纤服装。

②测量人员应使用符合防爆要求的手电及棉纱，不得用普通手电和化纤抹布。

③开启罐盖或测量孔时，应在上风方向，测量含铅汽油时宜戴防护口罩和橡胶手套。

④测量前应将测尺与接地端子连接，大风及雷雨天气应停止测量。

⑤登上储罐、车、船后，需待呼吸正常后再进行测量。冬季攀登储罐、车、船时，应防滑倒跌伤。

4.1.4.2　储罐安全质量的计算

（1）储罐安全质量的计算公式如下：

$$m_{安} = V_{安} \rho_{接油} - \alpha (T_{最高} - T_{接油}) \quad\quad (4.5)$$

式中 $m_{安}$——空储罐最大允许装油安全质量；

        $V_{安}$——储罐安全容积；

        $\rho_{接油}$——接卸油温时的油品密度；

        α——密度温度修正系数（表4.5）；

        $T_{最高}$——油库所在地历年最高温度（表4.6）；

        $T_{接油}$——接卸油品的油温。

表 4.5 油品密度温度修正系数   单位：‰

项目	汽油	煤油	柴油	其他油品
修正系数	1.0	0.8	0.8	0.7

注：此表提供数据只供计算安全重量使用或评估使用。

表 4.6 全国铁路储罐车运输途中最高油温

地区范围	季节划分					
	冬季		雨季		夏秋	
	月份	最高油温（℃）	月份	最高油温（℃）	月份	最高油温（℃）
东北地区（山海关以外）	12～次年2	2	3～5	28	6～11	33
长江北地区（武汉、成都以北）	12～次年2	17	3～5	34	6～11	39
长江南地区（武汉、成都南）	12～次年2	24	3～5	24	6～11	39

（2）油品平均温度的计算公式：

$$T_{平均} = T_{接油} + (T_{罐油} - T_{接油}) \frac{V_{罐油}}{V_{罐安}} \quad\quad (4.6)$$

式中 $T_{平均}$——接卸油品与罐内油品的平均，℃；

        $T_{接油}$——接卸油品的油温，℃；

        $T_{罐油}$——罐内油品的油温，℃；

        $V_{罐油}$——罐内油品的体积，m³；

        $V_{罐安}$——储罐的安全容积，m³。

（3）油品平均温度时的密度公式：

$$\rho_{\text{平均}}=\rho_4^{20}-\alpha\left(T_{\text{平均}}-20\right) \tag{4.7}$$

式中 $\rho_{\text{平均}}$——平均油温时油品密度，t/m³；

ρ_4^{20}——油品标准密度，t/m³；

α——密度修正系数；

$T_{\text{平均}}$——平均油温，℃。

（4）储罐欠装油的安全质量公式：

$$m_{\text{安}}=V_{\text{安}}\left[\rho_{\text{平均}}-\alpha\left(T_{\text{最高}}-T_{\text{接高}}\right)\right] \tag{4.8}$$

式中 $m_{\text{安}}$——罐内欠装油的安全质量，t；

$V_{\text{安}}$——罐内欠装油的安全体积，m³。

（5）罐装油品总质量的计算。根据测量出的油品高度（油水总高减去水高），从储罐容量表查出油品体积，按式（4.9）计算。然后将计算结果与上次结果或进出数量比较，核实数量。如误差超出允许范围，应查明原因处理。

$$m_{\text{油}}=\rho_4' V_{\text{油}}=\left[\rho_4^{20}-\alpha\left(t-20\right)\right]V_{\text{油}} \tag{4.9}$$

式中 $m_{\text{油}}$——罐装油品的总质量，t；

$V_{\text{油}}$——罐装油品体积（据油品高度从容积表查得），m³；

ρ_4'——罐装油品的视密度，t/m³；

t——罐装油品的温度，℃；

ρ_4^{20}——罐装油品的标准密度，t/m³。

（6）罐装油品静态测量计算结果准确度。

① 立式储罐 ±0.35%；

② 卧式储罐 ±0.7%；

③ 铁路储罐车 ±0.7%；

④ 汽车储罐车 ±0.5%。

4.1.5 储罐的检查与维护

储罐的检查与维护主要有检查测量、定期检查、定期清洗、预防自然灾害对储罐的威胁等内容。

4.1.5.1 日常检查维护

油库检查分为查库、专业检查、安全检查3类。查库分为岗位人员每天检查、部门领导每周检查、油库领导每月检查3级，遇天气异常等特殊情况应增加查库次数。专业检查由专业技术人员进行，一般每半年一次。安全检查在每季（或半年）和重大节日进行。每次查库后应认真填写查库记录，对发现的问题提出解决办法或采取措施，并限期落实。

查库内容主要是有无漏油、漏气现象；罐体有无变形；储罐基础有无沉降、开裂，罐内气压是否正常；储罐附件运行是否正常；罐体及附件防腐涂层有无脱落或锈蚀；防雷电、静电接地是否完好；消防设施和器材是否在位、完好等。

检查中遇有异常油味、油面不正常下降，地面、管沟有油迹，水面有油花，罐外壁有潮湿尘迹、罐沥青沙稀释等异常现象时，必须结合当时当地的具体情况认真分析。其原因可能是：

（1）由于温差较大引起内应力变化，导致焊缝裂缝。

（2）焊接质量差，焊缝有裂缝、沙眼、夹渣。

（3）储罐基础不均匀沉降，造成折裂、焊缝开裂。

（4）腐蚀穿孔。

（5）呼吸系统选型不当（呼吸管直径小、呼吸管线长，阻力大）或有故障，引起储罐胀裂或吸瘪。

（6）由于入罐油品与罐内油品温差大，气温剧烈变化（剧烈降温、暴雨降温）等特殊情况引起储罐胀裂或吸瘪。

（7）设计原因引起储罐失稳、吸瘪。

（8）由于未采取保温等措施引起放水管线、阀门等冻裂。

（9）由于洪水、地下水引起储罐起浮和地震管路与储罐之间拉裂。

4.1.5.2 定期检查维护

除了日常检查维护外，还要对储罐及其附件进行全面的定期清查维护。

每两个月对储罐至少进行一次外部检查，严寒地区在冬季应不少于两次，主要内容如下：

（1）检查各密封点、焊缝及罐体有无渗漏，储罐基础及外形有无异常变形。

（2）检查焊缝情况：罐体纵向、横向焊缝；进出油结合管、人孔等附件与罐体的结合焊缝；顶板和包边角钢的结合焊缝；应特别注意下层壁板纵向、横向焊缝及与底板结合的角焊缝有无渗漏及腐蚀裂纹等。如有渗漏，应用铜刷擦光，涂以10%的硝酸溶液，用8～10倍放大镜观察，如发现裂缝（发黑色）或针眼，应及时修理。

（3）检查罐壁的凹陷、褶皱、鼓泡，一经发现，即应加以检查测量，超过规定标准应作大修。

（4）检查储罐进出油阀的阀体、连接部位填料函、短管与罐壁连接处焊缝是否有缺陷或渗漏。

4.1.5.3 检查维护的内容

（1）检查维护的内容见表4.7至表4.10。

表 4.7　日常检查项目及维护内容

序号	检查项目	检查内容	维护保养
1	储罐整体	罐体有无变形、锈蚀	整修、维护
2	罐外涂层	油漆有无剥落（涂层寿命周期为3～5年）	局部刷漆
3	储罐基础	雨水浸入，裂缝、凹陷、倾斜	修改、维修
4	进出阀门	开关、润滑、渗漏、上锁（常闭阀门）	润滑、更换轴封
5	胀油管	常开状态，腐蚀，安全阀控制压力（2～3MPa）	紧固或检修（使用开关明显的手动阀）
6	储罐组防火堤及堤内地面	裂缝、沉降、鼠洞、排水阀门开关状态，堤内地面积水、沉降	局部整修、修补
7	呼吸阀、液压安全阀	保护网罩、液位高度、腐蚀	清理、添加
8	测量孔	密封、腐蚀、上锁	修补、更换密封垫
9	通风管道	连接、腐蚀、漏气	紧固、修补，更换垫片
10	扶梯	牢固、腐蚀	紧固、修补
11	罐顶栏杆	牢固、腐蚀	修补
12	保温层	防水密封、浸入雨水，每五年进行剥离检查	检修
13	接地系统	连接状况、腐蚀状况	紧固，腐蚀1/3以上更换
14	维护	储罐整体及附件	清洁擦拭

表 4.8　每周检查项目及维护内容

序号	检查项目	检查内容	维护保养
1	金属软管	泄漏变形	紧固、更换
2	罐底蒸汽加温管，排污管	泄漏、渗漏、冻结	检修
3	呼吸阀	冬季每次作业前均应检查是否灵活、冻结	清理

表 4.9　每月检查项目及维护内容

序号	检查项目	检查内容	维护保养
1	罐顶板	锈蚀、漏气	防腐、粘补
2	采光孔	锈蚀、漏气	防腐、紧固
3	泡沫产生器	玻璃碎、漏气	更换玻璃
4	阻火器	堵塞（冬季月检）	清理波纹片

序号	检查项目	检查内容	维护保养
5	罐壁板	变形、腐蚀、泄漏、渗漏	堵漏、降低储油高度
6	人孔	泄漏、渗漏、螺栓	堵漏、紧固
7	加温设备	生锈、连接松动、泄漏	紧固、清理
8	测量孔	生锈、导尺槽垫圈脱落	更换
9	液位计	指针部位生锈、动作状况 （每月校正一次）	清理、人工检尺
10	喷淋管	生锈、喷水口堵塞	除锈或更换
11	接地装置	连接状况、腐蚀情况	紧固，腐蚀1/3以上更换

表 4.10　每季检查项目及维护内容

序号	检查项目	检查内容	维护保养
1	呼吸阀	保护网罩，各部连接和腐蚀，开闭是否灵活	清洁、保养、除锈
2	液压安全阀	保护网罩和液面高度	清理、更换、添加
3	阻火器	冰冻、波纹板清洁、腐蚀	拆开清洁
4	通风管	保护网罩、腐蚀	清刷、更换
5	放水阀	开闭状态、渗漏	更换填料、润滑

（2）每年检查和维护。每年应按 JB/T 10764—2007《无损检测　常压金属储罐声发射检测及评价方法》对储罐进行一次全面的检查。

（3）每2～4年结合储罐清洗，检查罐内底板、壁板和焊缝的腐蚀、变形情况；罐内加热盘管的安装和腐蚀状况；各种与储罐连接的法兰密封面和垫片状况，以及与储罐相连接阀门内部密封件等状况。如难以检修则应更换。

（4）内浮顶储罐检查中增加项目见表4.11。

表 4.11　内浮顶储罐检查增加项目

序号	检查部位和内容	技术要求
1	回转式带芯人孔、人孔梯子、平台	芯板弧度必须同罐壁一致，边缘无尖角、毛刺，孔盖密封不漏
2	浮盘上人孔	盖板紧密不漏
3	导向量油管	导向部分转动灵活、间隙适宜
4	浮盘支柱	完好无严重锈蚀
5	密封装置	密封带无皱折、无破损，密封良好

续表

序号	检查部位和内容	技术要求
6	罐顶通气孔	金属网完好，防雨罩不漏水
7	罐壁通气孔	金属网完好，防雨罩不漏水
8	导静电装置	导线接触良好
9	自动测量、报警装置	是否安全、可靠、准确

（5）每次检查结束后，必须由检查人员填写检查记录，作为设备检修的依据。当发现异常情况时，检查人员应向主管部门领导及时汇报。油库主管主任每月应签阅一次检查记录，并解决自身能解决的一些实际问题。

4.1.5.4 储罐专业技术检查内容

（1）储罐圈板纵横焊缝，尤其是底、圈板的角焊缝，发现连续针眼渗油或裂纹，应立即腾空油料进行修理，不得继续储油。

（2）储罐圈板凹陷、鼓泡、折皱超过表 4.12 和表 4.13 规定时，应采取有效措施予以修理。

表 4.12 鼓泡允许偏差值

测量距离（mm）	允许偏差值（mm）
1500	20
3000	35
4000	40

表 4.13 折皱允许高度值

圈板厚度（mm）	允许折皱高度（mm）
4	30
5	40
6	50
7	60
8	80

（3）储罐基础下沉、倾斜，底板边沿直径相对两观察点间超过 1%，应立即腾空油料采取有效措施，不得继续储油。

（4）浮顶储罐的皮膜及连接螺钉、配件，有无腐蚀、损坏、开裂、剥离以及皮膜装置张紧情况。

（5）浮顶储罐还应检查浮顶中央凹陷处、夹层中是否漏油，固定零件是否与圈板摩擦。

（6）检查排水管是否畅通，清扫储罐顶部雨、雪。

（7）消防泡沫管有无油气冲出，储罐与附件连接处垫片是否完好，有无渗漏油。

（8）覆土的非金属储罐，视其情况挖土检查有无渗漏油。

（9）检查储罐底板锈蚀程度，若余厚小于表 4.14 规定时应予以补焊或更换。

表 4.14　储罐底板锈蚀允许最小余量值

底板厚度（mm）	底板允许最小余厚（mm）
4	2.5
4 以上	3.0

（10）桁架储罐内部各构件位置，有无扭曲、挠度，桁架与罐壁间的焊缝有无开裂、咬边。

（11）无力矩储罐中心柱套管有无开裂。

（12）有支柱储罐检查支柱的垂直度，位置有无移动、下沉以及连接情况。

（13）罐底板如局部凹陷，用小锤击敲查明空穴范围，视其情况采取处理措施。

（14）直接埋入地下的储罐应每年挖开 3～5 处，检查防腐层是否完好。

4.1.5.5　定期清洗储罐

储罐清洗是储罐的一项综合性工作，也是储罐使用管理的重点工作之一。储罐清洗的目的是减少水分、杂质及其对储罐的腐蚀和对油品的污染，为储罐进行检修、检定做准备，保证油品质量。

经常收发油品的储罐一般要求 3 年清洗一次，长期储存油品的储罐每次腾空后应进行清洗，放空储罐应每年或隔年清洗一次。

航空燃料油质量管理规定，对储罐的清洗提出了具体要求，容积 500m³ 以上的储罐、气压储罐每年清洗一次，容积小于 500m³ 的储罐每半年清洗一次。每月应从排水口放油检测一次油中的水分、杂质，如排放沉淀后仍然有水分、杂质，则应清洗储罐。

4.2　钢质储罐的清洗

4.2.1　储罐清洗时机（条件）

（1）新建储罐装油前。

（2）换装不同种类的油料，原储油料对新换装油料质量有影响时。

（3）需对储罐进行修焊或除锈涂漆时，应先冲洗储罐，完工后再经过清洁工作才能装油。

（4）装油时间长，腾空后检查确实较脏时。

4.2.2 储罐清洗方法及步骤

储罐清洗方法及步骤见表4.15。

表4.15 储罐清洗方法及步骤

步骤	方法			
	干洗法	湿洗法	蒸汽洗法	化学洗法
第一步	排净罐内存油	排净罐内存油	排净罐内存油	排净罐内存油
第二步	人员进罐清扫油污水及沉淀物	人员进罐清扫油污水及沉淀物	人员进罐清扫油污水及沉淀物	人员进罐清扫油污水及沉淀物
第三步	通风排除罐内油气（黏储罐可酌情确定）并测定油气浓度到安全范围	通风排除罐内油气（黏储罐可酌情确定）并测定油气浓度到安全范围	通风排除罐内油气（黏储罐可酌情确定）并测定油气浓度到安全范围	通风排除罐内油气（黏储罐可酌情确定）并测定油气浓度到安全范围
第四步	用锯末干洗	用0.3～0.5MPa高压水冲洗罐内油污浮锈	用高压蒸汽蒸煮油污，并用高压水冲洗	用洗罐器喷水冲洗并检查冲洗系统及设备
第五步	清除锯末，用铜制工具除局部锈蚀	尽快排除冲洗污水，并用拖布擦干净	排净污水	酸洗除锈约90～120min
第六步	用拖布彻底擦净	通风除湿	用锯末干洗	排净酸液，清水冲20min，使冲洗水呈中性为宜
第七步	干洗质量检查	用铜制工具除局部锈蚀	清除锯末，用铜制工具除去局部锈蚀	排除污水，两次钝化处理，第一次约3min，第二次约8min
第八步		湿洗质量检查验收	用拖布底清除脏物	钝化后，5～10min再次用，0.3～0.5MPa冲洗，8～12min
第九步			检查验收洗罐质量	排除冲洗水用拖布擦净
第十步				通风干燥
第十一步				检查验收洗罐质量

4.2.3 储罐清洗主要步骤、操作要点及注意事项

4.2.3.1 排净罐内存油

排净罐内存油是一项危险性较大的作业，这期间极易发生中毒事故，必须保证作业人员按章办事。其程序是填写和审批开工作业票→检查各项准备→自流排油→手摇泵或电动

泵抽油→清理现场。

（1）做好各项准备工作。

① 填写和审批开工作业票。

② 进行班前安全教育，全部岗位人员到位。

③ 打开人孔分层检查罐底油料质量，确定存油排除及处理方案。合格油料放至其他储罐，油污水排至沉淀罐或污水处理设施中待处理。合格的车、船用油，可利用排污管与进出油管的连通管将油品输至别的储罐。但是航空油料一般不允许这样做，以保证进出油管的干净。

（2）洞库抽吸底油时启动通风系统，以保证作业场所的通风换气。

（3）检查抽吸底油的工艺设备、通风设备的技术状况。

（4）从排污管排放底部水分杂质；利用进出油管和排污管自流排放的底油应排到回空罐或其他容器，至流不出为止。

（5）打开人孔插入吸油管（设有集污坑的将吸油管放入集污坑，或者与排污管连接），用石棉被盖住人孔，以减少油气逸散。手摇泵抽吸底油时应两人操作，以减轻人员的劳动强度；盛油容器应派人监视。

（6）底油抽完后，拆除抽吸底油的设备，清理现场。

4.2.3.2　人员进罐扫罐底

人员进罐清扫罐底时，要特别注意安全。

（1）进罐人员必须穿工作服、工作鞋、工作手套，戴防毒面具。并且进罐时间不得太长，一般控制在 30min 左右。

（2）清扫残油污水应用扫帚或木制工具，严禁用铁锹等钢质工具。照明必须用防爆灯具。

（3）应用有效的机械排风。

（4）罐外要有专人监视，发生问题及时处理。

4.2.3.3　通风排除罐内油气

（1）洞库的通风尽量利用原有的固定通风设备，也可增设临时通风管道和设备，进行通风换气。

（2）洞库利用原有固定通风系统和设备时，要注意关闭装油储罐通风支管上的蝶阀，并进行隔离封堵，以切断待洗罐和储罐的通风系统的连通。

（3）在通风排气的同时，用仪器测定罐内油气浓度，直至油气浓度降到爆炸极限以下，人嗅不到油气味才行。

（4）临时通风设备宜用离心式风机，通风量不小于储罐容积的 8～10 倍（3000m³ 以上储罐通风量不小于 150m³/h）。

（5）临时通风设备。

① 临时通风设备表见表 4.16。

表 4.16　临时通风设备表

名称	规格	单位	数量	技术数据			备注
离心风机		台					
吸入管		m					
排出管		m					
电动机		台					隔爆型
重型橡套电缆		m					无接头
开关		台					隔爆型

② 临时通风工艺流程如图 4.1 所示。

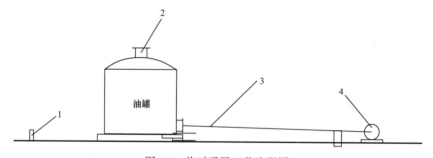

图 4.1　临时通风工艺流程图
1—防火堤；2—采光孔（通风排出口）；3—通风管；4—风机（吸入处应是清洁空气）

③ 临时通风的离心风机设置在距离储罐孔口不小于 3m 的地方，电气设备应采用隔爆型电器，安装符合防爆要求。地面储罐宜将通风机设于防火堤之外。

④ 通风系统进风口设在上风方向，距离洞口 20m 以上（地面储罐设在防火堤以外），以保证吸入清洁空气。

⑤ 通风进出口设于不同方向。当储罐壁上不同方向有两个人孔时，一个人孔为进风口，另一个人孔为出风口；在同一条轴线方向的两个人孔不应作为通风进出口，应用罐顶采光孔和人孔作为通风进出口，当储罐只有一个人孔时，为方便作业人员进出储罐，罐顶采光孔为通风时的进风口，罐壁上的人孔为出风口。

4.2.3.4　清除污物

清除罐底污物期间极易发生油气中毒事故，必须做好防护工作，防止中毒。清除罐底污物的程序是测量油气浓度→办理"班（组）进罐作业票"（每班必须办理）→进行班前安全教育→清除污物→用木屑进行擦拭。

（1）检查通风设备技术状态，启动风机通风换气。洞室储罐、半地下储罐应连续进行通风换气，停止通风时，必须将储罐上孔口密封。

（2）按照要求测量油气浓度，并填入"可燃气体测定记录表"，作为"班（组）进罐作业票"的附件。每次进入储罐前 30min 内必须测量油气浓度，填入记录表。工作期间，每隔 2h 测量 1 次。

（3）填写和审批"班（组）进罐作业票"，对作业人员进行安全教育，提出注意事项。启动风机进行通风换气。

（4）检查人员防护着装和呼吸器符合安全要求；检查使用工具、器材（木质）是否符合防爆要求，合格后进入储罐清除污物。

（5）污物清除后，将木屑送入罐内，用木屑擦拭罐底板和储罐底圈壁板。擦拭次数根据实际情况确定。

（6）罐内清出的污物和木屑等采用自然风化法处理，严禁乱倒乱撒。

4.2.3.5　水冲洗

表 4.15 所列 4 种储罐清洗方法，除干洗法外，其他 3 种洗罐法都有水冲的步骤，只是水量、水压及冲的目的有所不同。

（1）湿洗法中，水冲洗是主要步骤，它是利用 0.3～0.5MPa 的高压水冲洗罐内油污和浮锈。

（2）蒸汽洗法中，水冲洗是冲刷被蒸汽溶解的罐壁罐顶的油污。

（3）化学洗法中，水冲洗是有几个步骤。开始水冲洗是为了清洗罐体，检查水冲洗系统和设备。以后两次水冲洗是为冲去化学溶液，因而水冲洗的时间都需控制，太短了不行，太长了也不好。

（4）干洗法也不是绝对不用水，它在清洗罐壁罐顶也是需要水的，因此说干洗法仅适用于洗储罐底板，若罐壁罐顶也需洗时不宜用干洗法。

4.2.3.6　蒸煮

蒸煮是蒸汽洗法的主要步骤，也是区别于其他洗法不用的步骤。它主要用于黏储罐的清洗。

蒸汽洗一开始应封闭罐上所有孔盖，通入蒸汽，待温度达到 60～70℃时，再打开孔盖继续蒸洗，使罐内残油完全溶解，然后用高压水冲洗。

4.2.3.7　注意事项

（1）清洗储罐准备工作必须周全细致，设备应对照作业方案和工艺图进行核对，做到准确无误。

（2）清除底油时，严防容器冒油和油品洒落，尽量减少油气散发。

（3）清除罐底污物时，在储罐内工作时间不得超过 30min，间隔时间不小于 1h。储罐人孔口部必须有人监护。

（4）储罐清洗后，罐内油气浓度应在爆炸下限的4%以下。否则应连续通风，使油气浓度下降到爆炸下限的4%以下。

4.2.4 化学洗罐法介绍

4.2.4.1 化学清洗除锈的原理

钢板的锈蚀主要是钢板表面氧化生成氧化铁。化学清洗除锈就是由耐酸泵打出酸液，经过自动喷酸除锈器（即洗罐器）的喷嘴喷出，利用射流冲力冲击钢板表面，使酸液与氧化铁产生化学反应，并对疏松锈层产生机械冲击作用，高效率地除掉钢板表面的氧化铁。

4.2.4.2 化学清洗除锈的工艺过程

（1）清扫除油。

酸洗前对新建储罐应认真清扫干净；对装过油的储罐，应进行彻底除油。经过清扫后的储罐，再用洗罐器进行水冲，一般冲洗一圈即可，以检查酸泵、管道是否渗漏，并把洗罐器转速预调到规定范围内。

（2）酸洗除锈。

酸洗液的配方见表4.17。配制时按规定比例，先在清洁的耐酸池中加入"工业盐酸"；再将"乌洛托平"加水调和，用水量约60kg；同时将"平平加"用热水溶解（"平平加"的用量可视罐的油污情况酌量加入），调好后倒入酸液池中；最后将水添加至规定量。该酸洗液的酸度应不高于18%（酸度降到8%时就应更换新的酸液）。

表 4.17 酸洗液的配方（以 1000kg 酸液计）

名称	规格	数量（kg）	作用
工业盐酸	浓度 28%～32%	600	去锈
乌洛托平	粉剂	5	缓蚀剂
平平加	固体	0.2～0.3	去油（无油污可不加）
水	清水	400	稀释

酸洗操作：酸洗时间根据锈蚀情况、酸液浓度、洗罐器的射程及压力而定。如1000m³储罐中，采用浓度为18%的酸液，泵出口压力0.3～0.6MPa，洗罐器自转周期15s，酸洗间为90min。一般新配制的酸洗液冲洗2000m³以下的储罐，酸洗时间应2h左右。酸洗时，应专备一台泵从罐内回收酸液，该泵最好装在比储罐低的地方，以防离心泵进气产生空转。酸洗完毕后应迅速进入罐内排酸，争取几分钟内将酸液回收到储液箱内。

（3）清水冲洗。

酸洗后应立即进行水冲，水冲时间一般为20min左右，用pH试纸测定罐壁上的水呈中性即可。

此工序应严格掌握，如酸液冲洗不净，会腐蚀钢板，并影响漆膜在金属表面的附着力。

（4）钝化处理。

钝化处理是使金属表面生成一层很薄的钝化膜，隔离空气，防止钢板重新锈蚀。钝化液的配制按表4.18进行。

表 4.18 钝化液配方（以 1000kg 清水计）

名称	规格	数量（kg）	作用
铬酸	无水铬酸固体 99.5%	3～6	钝化
磷酸	液体 85%	2～3	防止金属返黄
水	清水	1000	稀释

配制时先把水放入容器，再慢慢加入"铬酸"，边加边搅伴，防止结块；待"铬酸"溶解后将水加到所需用量。钝化液用的时间过长，浓度降低，效果差，应重新配制新液。

钝化处理一般采用一次钝化，但当平底储罐排液时间长时，金属表面易返黄。用两次钝化效果较好。第一次钝化时间约3min，钝化溶液可不回收；第二次钝化时间约8min，钝化溶液可回收再用。

（5）第二次水冲。

第二次水冲须在铬酸钝化后5～10min进行，使铬酸来得及形成一道防锈膜，水冲是把金属表面黏附的铬酸和磷酸残留液冲净，冲洗时间一般8～12min，冲水压力不宜过大，一般在0.3MPa左右，否则会破坏防锈层。

（6）通风干燥。

上述工序完毕后，立即进行加热通风，争取在14h以内吹干，使金属不返锈，保持其银灰色光泽，其方法是在罐内放10个左右1kW碘钨灯加热，罐口安装有通风机通风。

4.2.4.3 质量检查和注意事项

（1）酸洗完毕后应进行全面质量检查，查氧化铁皮、铁锈是否除净和有无残留酸液，如有大面积未除净，应按上述工艺再进行酸洗。对局部小块未除净处（如人孔颈下部）可人工用铲清除，确认合格后可拆除设备结束酸洗。

（2）拆洗罐器时，应防止酸液滴在罐底上，如有酸液滴下要用拖把擦干，再用蘸有钝化液的拖把擦试一遍。

（3）在喷水试验时，人员进罐检查洗罐器喷射有无死角，如有死角应在洗罐器的调速器上栓两根耐酸绳通至人孔洞处，酸洗时可用绳索转动一个角度。

（4）在操作中应严格控制阀门启闭，防止各种溶液混淆失效。

（5）注意安全，进罐工作人员应着耐酸工作服、耐酸鞋和耐酸手套。

4.2.4.4　化学清洗除锈的主要设备

（1）洗罐器。

洗罐器又叫自动喷酸除锈器，是储罐内壁除锈的主要设备，是由中国铁道科学研究院设计的自动喷酸除锈器改装而成。它可根据储罐大小改变喷嘴旋转角度。该洗罐器喷射力大，自重轻（约9kg）。

工作原理：由泵输入洗罐器内一定压力的液体，经回转体由喷嘴喷出，由于两喷嘴的喷射反力，使回转体产生自转，并通过传动机构主体产生公转，把液体喷射到整个储罐内壁。喷嘴口径选用10mm或12mm。洗罐器所需压力及流量见表4.19。

表 4.19　洗罐器所需压力和流量

洗罐器有效作用半径（m）	喷口直径			
	10mm		12mm	
	进口压力（mH_2O）	流量（L/s）	进口压力（mH_2O）	流量（L/s）
6	8.5	1.0	8.1	1.7
7	10.3	1.1	9.6	1.8
8	12.2	1.2	11.2	2.0
9	14.2	1.3	13.0	2.1
10	16.5	1.4	14.9	2.3
11	19.0	1.5	16.9	2.4
12	21.4	1.6	19.1	2.6
13	24.7	1.7	21.4	2.7
14	28.0	1.8	23.9	2.9
15	31.8	2.0	26.7	3.0

洗罐器安装在储罐顶下1/3～2/5高度比较合适。一般由顶部采光孔中伸入一根玻璃管，洗罐器螺纹旋入夹布胶木法兰，法兰再与玻璃钢管上的夹布胶木法兰连接。

（2）输酸泵。

输酸泵应选用玻璃钢耐酸泵，泵的流量选30m^3/h左右，扬程选35m左右。泵一般应有3台：1台冲洗，1台回收，1台备用。

（3）输酸管道和管件。

输酸管选用硬聚氯乙烯管，用塑料焊条焊接或用硬聚氯乙烯法兰连接。

4.2.5 储罐清洗质量检验

4.2.5.1 质量要求

储罐清洗的质量要求，根据清洗的目的不同，其质量要求也有所不同，主要有 2 条：

（1）罐内表面无残油、残余水、沉积物和油垢等附着物。

（2）罐内油气浓度降至爆炸下限的 4% 以下。

4.2.5.2 检测方法

（1）现场观察检查。

（2）用白色棉布擦拭检查。

（3）用可燃性气体浓度检测仪测试并记录。

（4）质量检验结果填入清洗质量检验表中。

4.3 储罐的检修与报废

新建储罐检修最长不宜超过 10 年，在役油储罐检修周期一般为 5～7 年。储罐检修前应由具有相应资格的检修员进行现场调查，做出检测报告，委托具有相应储罐设计资质的设计单位进行设计，由具备储罐检修资格的单位施工并制定储罐检修技术方案，由设备主管部门批准后进行。

4.3.1 储罐检修周期

4.3.1.1 检修周期

储罐检修宜分为小检修、中检修和大检修 3 种。其检修周期一般按照以下要求执行。

（1）小检修：每半年至少一次。

（2）中检修：当腐蚀速度大于 0.5mm/a 时，每年一次；当腐速度小于 0.3mm/a 时，每2～3 年一次；当腐蚀速度小于 0.1mm/a 时，每 6 年一次。

（3）大检修：当储罐结构的某一主要部件因腐蚀、磨损而接近报废程度时，应组织大检修。

4.3.1.2 大检修、中检修和小检修的划分

（1）小检修：在不进行明火作业的情况下检修储罐顶板、上壁板，检修安装在储罐外部的附件、设备和管线（管件）等。

（2）中检修：必须进行储罐的清洗和排除油气；应用焊接方法更换罐壁、罐顶、罐底的个别钢板；去除损坏的焊缝；检修或更换设备、平整储罐基座；各部件和整个储罐的强度和严密性试验；储罐防腐等。

（3）大检修：包括中检修规定的全部内容，但实施的规模更大。如储罐壁板、底板、顶板某些部分的更换，储罐基座（基础）的检修，设备的检修或更换，强度和严密性的试验，储罐内外喷涂防腐漆等。

4.3.1.3　检修的准备工作

（1）储罐大检修、中检修之前必须按照 SY/T 6696—2014《储罐机械清洗作业规程》的规定，进行储罐清洗作业。

（2）储罐动火作业之前，必须按照 GB 30871—2014《化学品生产单位特殊作业安全规范》的要求，办理"动火作业证"。

（3）检修之前，应做好施工技术装备和作业人员的配置，购置（准备）设备器材等工作。

（4）应与承包单位签订好有关安全和工程质量的合同（或协议）书，并报上级业务部门备案。

4.3.2　储罐检测的主要内容与评定

储罐检测前应进行清洗，罐壁内外无油污和其他杂物，罐内油气浓度降到爆炸下限的 4% 以下；根据检测需要对相关部位和焊缝进行除锈，并达到 BSa2 或 BSt2 的标准要求。检测时，打开人孔、采光孔，并进行通风换气。

储罐检测的主要内容有罐体腐蚀及防腐涂层、罐体几何尺寸及变形、沉降观察、储罐附件及储罐充水试验。

4.3.2.1　罐体腐蚀及防腐涂层检测

为准确反映储罐腐蚀状况，评定储罐质量情况，确定检修部位，腐蚀检测布点和确定检测点数是关键。

（1）腐蚀检测布点。

罐体腐蚀检测布点，一般应按以下 3 种布点方法。

① 按照排板的每块板布点，一般用于大面积检测。

② 按照每块板上的局部腐蚀深度布点，主要用于密集点蚀检测。

③ 按照点蚀情况布点，多用于分散蚀点检测。

前两种情况检测每一块钢板和每一块钢板上一个腐蚀区域平均减薄量，后一种情况检测腐蚀比较严重点的腐蚀深度。

（2）检测点的数量。

① 检测点的数量以能较准确地反映被测板的实际平均厚度为原则，根据储罐不同部位的不同腐蚀情况确定。

② 一般情况下，一个检测区域（一块板或一块板上的一个局部腐蚀区）用超声波测厚仪或钢板测厚仪检测时，检测点数不应少于 5 个；当平均减薄量大于设计厚度的 10%

时，应加倍增加检测点；检测腐蚀比较严重的点蚀深度时，应根据点蚀分布情况和数量，确定检测点数。

③ 密集蚀点。密集蚀点是指点蚀数大于 3 个，任意两点间最大距离小于 50mm，最大深度大于原设计壁板厚度的 10% 的腐蚀区。

（3）测量并记录。

对检测点测量腐蚀面积与深度，并绘制腐蚀平面图，在图上标记腐蚀面积与深度的数字。

4.3.2.2　罐体几何尺寸及变形的检测

储罐使用多年后，即使未发生过事故，其几何尺寸也可能变化，局部也可能有变形，所以应按规定年限进行检测校核为核准储罐容积表提供依据。

4.3.2.3　储罐沉降观察

储罐沉降观察的布点、方法、沉降允许值等，按 GB 50128—2014《立式圆筒形钢制焊接储罐施工规范》的附录 B 执行。

4.3.2.4　储罐附件检查

储罐附件是保证储罐正常运行、人员操作安全的重要组成部分，因此应定期，检查其功能是否符合要求动作是否灵活，安装是否牢靠。检查应按 GB 50128—2014《立式圆筒形钢制焊接储罐施工规范》进行。

4.3.2.5　储罐充水试验

（1）充水试验的检查内容。
① 罐底严密性。
② 罐壁强度及严密性。
③ 固定顶的强度、稳定性及严密性。
④ 浮顶及内浮顶的升降试验及严密性。
⑤ 浮顶排水管的严密性。
⑥ 基础的沉降观测。
（2）充水试验应遵守的 5 项规定。
① 充水试验前，所有附件及其他与罐体焊接的构件应全部完工并检验合格。
② 充水试验前，所有与严密性试验有关的焊缝均不得涂刷油漆。
③ 充水试验宜采用清洁淡水，试验水温不应低于 5℃；特殊情况下，采用其他液体为充水试验介质时，应经有关部门批准。对于不锈钢罐，试验用水中氯离子含量不得超过 25mg/L。
④ 充水试验中应进行基础沉降观测。在充水试验中，当沉降观测值在圆周任何 10m

范围内不均匀沉降超过 13mm 或整体均匀沉降超过 50mm 时，应立即停止充水进行评估，在采取有效处理措施后方可继续进行试验。

⑤ 充水和放水过程中，应打开透光孔并不得使基础浸水。

（3）充水试验中各种检验项目的注意事项。

① 罐底的严密性应以罐底无渗漏为合格。若发现渗漏，对罐底进行试漏，找出渗漏部位后，应按焊缝缺陷修补的有关规定补焊。

② 罐壁的强度及严密性试验，充水到设计最高液位并保持至少 48h 后，罐壁无渗漏、无异常变形为合格。发现渗漏时应放水，使液面比渗漏处低 300mm 左右，并应按焊缝缺陷修补的规定进行焊接修补。

③ 固定顶的强度及严密性试验，应在罐内水位最高液位下 1m 进行缓慢充水升压，当升至试验压力时，应以罐顶无异常变形、焊缝无渗漏为合格。试验后，应立即使储罐内部与大气相通，恢复到常压。温度剧烈变化的天气，不应进行固定顶的强度及严密性试验。

④ 固定顶的稳定性试验，应充水到设计最高液位用放水方法进行。试验时应缓慢降压，达到试验负压时，罐顶无异常变形为合格。试验后，应立即使储罐内部与大气相通，恢复到常温。温度剧烈变化的天气，不应进行固定顶稳定性试验。

⑤ 浮顶及内浮顶的升降试验，应以升降平稳，导向机构及密封装置及自动通气阀支柱应无卡涩现象，浮梯转动灵活、浮顶及其附件与罐体上的其他附件应无干扰，浮顶与液面接触部分应无渗漏。

⑥ 充水试验后的放水速度应符合设计要求，当设计无要求时，放水速度不宜大于 3m/d。

4.3.2.6 储罐检测与评定

（1）罐底板检测与评定。

① 罐底板检测。

a. 边缘板的腐蚀检测应包括罐壁外侧延伸部分的边缘板，并测量边缘板外露尺寸宽度。

b. 中幅板检测时，应特别注意检测由下而上的点蚀。一般应在除锈过程中检查是否有由下而上的腐蚀穿孔出现。

c. 检测中幅板时，可以少量开孔检查，但一个开孔的面积不大于 $0.5m^2$ 且应距离焊缝 200mm 以上。检查完毕后，应按技术要求补板并做真空试漏。

② 罐底板评定。

a. 评定标准：边缘板腐蚀平均减薄量不大于原设计板厚的 15%；中幅板的平均减薄量不大于原设计厚度的 20%；密集点蚀的深度不大于原设计厚度的 40%；罐底钢板应无折角、撕裂；储罐底板的余厚应不小于最小允许余厚（表 4.4）。检测情况符合上述各条规定时，则认为储罐底板可以安全运行；超过时应进行修理。

b. 当腐蚀超过以上规定时，腐蚀面积大于一块检测板的 50% 且在整块板上呈分散分布时，宜更换整块钢板；腐蚀面积小于 50% 时，应考虑补板或局部更换新板。

c. 当底板的角焊缝发现针眼渗油或裂纹时，应立即腾空进行局部修理，不得继续储油；当储罐壁板根部沿圆周方向存在带状严重腐蚀时，应考虑切除严重腐蚀部分并更换边缘板。

d. 罐底板的局部超过 $2m^2$ 以上的凹凸，或局部凹凸变形于变形长度的 2% 或超过 50mm 时，应考虑整修。在不影响安全使用时，可适当放宽要求。

（2）罐壁板检测与评定。

① 罐壁板检测。

a. 罐壁板重点检测内表面底板向上 1m 范围内，外表面为壁裸露区，且宜分内外两面检查。

b. 检测罐体几何尺寸。

c. 检测罐体凹凸偏差和褶皱。

② 罐壁板评定。

a. 各圈壁板的最小平均厚度不得小于该圈壁板的设计厚度加大修期腐蚀裕量。

b. 分散点蚀的最大深度不大于原设计壁板厚度的 20% 且不大于 3mm；密集点蚀最大深度不得大于原设计壁板厚度的 10% 或罐壁板点蚀深度不超过最大允许深度（表 4.1）。

c. 罐壁的几何形状和尺寸应符合下列要求。在不影响安全使用时，可适当放宽要求。

（a）垂直允许偏差应不大于罐壁高度的 0.4% 且不得大于 50mm。

（b）罐壁板局部凹凸偏差不超过最大允许值（表 4.2）。

检测情况符合上述各项规定时，则认为罐壁板可以安全运行；超过时，应考虑修理。

（3）罐顶板检测与评定。

① 罐顶板检测。

a. 罐顶板应先进行外观检查，然后对腐蚀严重处进行厚度检测。

b. 必要时应进行整体强度和稳定性检测。

c. 用样板检测变形。

② 罐顶板评定。

a. 根据检测结果应进行整体强度和稳定性计算，并据此做出评定。

b. 对腐蚀严重的构件应单独进行评定。

c. 罐顶板及其焊缝不得有任何裂纹和穿孔。

d. 局部凹凸变形，采取样板检测，间隙不得大于 15mm，在不影响安全使用时，可适当放宽要求。

检测情况符合上述各项规定时，则认为罐顶板可以安全运行，应考虑修理。

（4）浮顶检测与评定。

① 浮顶检测。

a. 浮顶应在进行外观检查的基础上，对明显腐蚀的部位进行厚度检测。

b.对单盘上表面应逐块进行厚度检测，单盘下表面采用目测检查，浮舱应逐一检测内外表面的腐蚀情况，必要时应测厚。

② 浮顶评定。

a.单盘板、船舱顶板和底板的平均减薄量不得大于原设计厚度的20%。

b.点蚀的最大深度不得大于原设计厚度的30%。

c.浮顶局部凹凸变形应符合下列要求，在不影响安全使用时，可适当放宽要求。

（a）船舱的局部凹凸变形应用直线样板检测，不得大于15mm。

（b）单盘板局部凹凸变形应不影响外观及排水要求。

检测情况符合上述各项规定时，则认为浮盘可以安全运行。超过规定时，应考虑修理。

（5）储罐附件检测与评定。

① 附件检测。

a.储罐附件检测主要是检测其性能和功能是否满足使用要求。

b.开孔接管法兰的密封面应平整，不得有焊瘤和划痕，法兰密封面应与接管的轴线垂直，倾斜不应大于法兰外径的1%且不得大于3mm。

c.测量导向管的铅垂允许偏差，不得大于管高的0.1%且不得大于10mm。

d.密封装置不得有损伤。

② 附件评定。

a.中央排水管应灵活好用，无堵塞、渗漏现象。

b.量油管、导向管的不垂直度和垂直偏差均不得大于15mm。

c.浮顶密封装置（包括一次密封和二次密封）无损坏并能起到密封作用。

d.挡雨板和泡沫挡板完好无损。

e.刮蜡板与罐壁贴合紧密，无翘曲，无损坏。

f.紧急排水装置无堵塞、渗漏现象，并有防倒溢功能。

g.罐顶安全阀、呼吸阀、通气阀完好无损，开关正常，阻火器清洁无堵塞。

h.加热盘管、浮顶加热除蜡装置无腐蚀、无泄漏，满足使用要求。

i.储罐进出油阀门灵活好用，密封部位无泄漏。

j.防静电、防雷设施齐全完好，导电性能符合安全技术要求。

k.消防设施、喷淋装置完好，无腐蚀、无泄漏。

检测情况符合上述规定时，则认为储罐附件合格，否则应进行修理。

（6）储罐焊缝检测与评定。

① 焊缝检测。

a.罐底板、浮顶单盘板、浮舱底板焊缝应进行100%真空试漏，试验负压值不得低于53Pa。

b.罐底板与壁板、浮顶单盘板、浮舱的内侧角焊缝应进行渗透检测或磁粉检测。

c.浮顶船舱应逐一通入785Pa压力的空气进行气密性检测。

d. 罐下部壁板纵向焊缝应进行超声波探伤检查，容积小于 20000m³ 的只检查下部 1 圈，容积不小于 2000m³ 的检查下部 2 圈；检查焊缝的长度，纵向焊缝不小于该部分焊缝总长的 10%，字焊缝 100% 检查。

② 焊缝评定。

a. 真空试漏和气密性检测均无渗漏为合格。

b. 渗透探伤、磁粉探伤符合规定要求。

c. 试验、检测评定为合格，则认为焊缝满足安全使用，不合格的应进行补焊。

d. 超声探伤按规定评定，Ⅱ级为合格。对于超标缺陷，属于表面或内部活动缺陷的应立即返修，属于内部非活动缺陷应由设备主管部门核定后，可继续监控使用。

（7）涂层检测与评定。

① 防腐层的检测。防腐层的检测应在目测检查的基础上，用涂层测厚仪检测涂层厚度。

② 防腐层评定。防腐层目测检查无锈斑、粉化、脱落，检测厚度、绝缘电阻、附着力和漏点达到原设计要求。符合要求的可不重新涂装，不符合要求的应重新涂装。

4.3.3 储罐的修理

4.3.3.1 材料选用

（1）选用钢材时，必须考虑储罐原使用材料，材料的焊接性能、使用条件、制造工艺以及经济合理性。

（2）当对钢材有特殊要求时，设计单位应在图纸或相应技术文件中注明。

（3）对储罐壁板、底板、顶板所用材料如不清楚，则应进行鉴别。

（4）对所使用材料如有疑问，应对其性能进行复验，合格后方可使用。

（5）材料的规格尺寸应符合设计和立式圆筒储罐用料规定，并要进行验收，必要时按规定进行检测。

4.3.3.2 储罐壁板修理

（1）壁板拆除基本要求。

① 环缝为对接结构时，切割线应在环缝以上不小于 10mm。

② 环缝为搭接结构时，应清除搭接焊肉，不得咬伤上层罐。

③ 更换整块壁板，环焊缝切割线宜不高于原环焊缝中线，立焊缝切割线距罐壁任一条非切除纵焊缝距离应不小于 500mm，切除焊缝应不小于 30mm。

④ 更换小块壁板的最小尺寸取 300mm 或 12 倍更换壁板厚度两者中的较大值。

（2）局部换板技术要求。

① 更换壁板的厚度应不小于同圈内相邻壁板的最大公称厚度。更换板的形式可以是圆形、椭圆形、带圆角的正方形和带圆角的长方形，但应符合表 4.20 的要求。

表 4.20　局部更换小块壁板尺寸名称和要求

尺寸名称	局部更换罐壁板（厚度为 t）的边缘与罐壁所有新旧焊缝的最小间距（mm）	
t	t≤12	t>12
R	150	取 150mm 与 6t 中的最大值
B	150	取 250mm 与 8t 中的最大值
H	100	取 250mm 与 8t 中的最大值
V	150	取 250mm 与 8t 中的最大值
A	300	取 300mm 与 12t 中的最大值

② 为减少造成壁板变形的可能性，必须考虑装配、热处理和焊接顺序。

a. 整块更换壁板时，其弧度应与原壁板弧度相一致并符合设计图纸的要求。焊接接头的坡口形式和尺寸应按设计图纸要求进行加工。

b. 对于板厚大于 12mm 且屈服强度大于 390MPa 有开孔接管的壁板，在开孔接管及补强板与相应的罐壁板组装焊接并验收合格后，应进行整体消除应力热处理。

c. 底圈壁板相邻两壁板上口水平误差不应大于 2mm。在整圈圆周上任意两点的偏差，不应大于 6mm。壁板铅垂偏差，不应大于 3mm。

d. 纵向焊缝错边量：采用焊条电弧焊，当壁板厚度不大于 10mm 时，错边量不应大于 1mm；当壁板厚度大于 10mm 时，错边量不应大于板厚的 0.1 倍且不应大于 1.5mm；采用自动焊时，错边量均不应大于 1mm。

e. 环向焊缝错边量：采用焊条电弧焊时，当上圈壁板厚度不大于 8mm 时，任何一点的错边量均不得大于 1.5mm；当上圈壁板厚度大于 8mm 时，任何一点的错边量均不应大于板厚的 0.2 倍且不应大于 2mm；采用自动焊时，错边量不应大于 1.5mm。

f. 采用搭接时，间隙不应大于 1mm，丁字焊缝搭接处的局部间隙不应大于 2mm。

g. 严格按设计要求确定更换部位，更换壁板应采取防变形措施，确保更换部分几何尺寸与原罐体一致。

③ 对在检测中发现的，通常由于拆除作业中造成的擦伤等应根据具体情况进行修理。当壁板剩余厚度能满足设计条件情况下，允许采取磨削方式进行处理。但当磨削成均匀圆滑曲面后，其厚度不符合要求时，必须采用合格焊接工艺进行修补。

④ 罐壁钢板上发现裂缝时，应首先用工具将其清理干净，然后在距裂纹两端 100～150mm 处各钻 ϕ6mm～ϕ12mm 的孔。再用凿子或风铲除去焊接金属或基本金属（可用特殊氧割锯割去）。当钢板厚度大于 5mm 时，焊缝必须开成 50°～60° 的坡型口，检查钢板开口外无细微裂纹，方可施焊。

⑤ 罐壁下层纵焊缝，如发现裂纹长度超过 150mm 或焊缝经过修理后再次出现裂纹时，应割去 1m 宽，长度等于圈高的块钢板，割缝时应使新焊缝与原来焊缝两侧各大于 500mm，不得已时可采用在裂纹末端钻孔，于裂纹内外同时补焊的方法。

⑥ 罐壁纵向焊缝的裂纹，对已超过横焊缝或与横焊缝裂纹相交时，应将裂纹交叉处割一直径不小于 500mm 且其边缘的钢板应离开裂纹末端不小于 100mm 的孔。补板应取相同厚度和材质的钢板，其直径应较挖孔直径大 500mm，由罐壁内部补焊。

⑦ 罐壁底层圈板上的裂纹已延伸，并使罐底钢板开裂，则除割换一般圈板外，罐底部分应在距离裂纹末端 100～150mm 处钻 ϕ6mm～ϕ12mm 的孔，并割去焊缝，在此缝下垫厚 5～6mm 的衬板，其阔度为 150～220mm，长度应超过钻孔然后施焊。

⑧ 罐壁底层圈板人孔、进出口附近焊缝集中处的基本金属上发现裂纹，最好将该圈板切割去不少于 2m 的一段，焊上嵌板。应注意先将附件焊好后再嵌入。

⑨ 储罐圈板上中层出现凹陷和鼓泡时，可在凹陷中心位置用断续焊焊上带拉环（或可系钢丝绳的角钢）直径为 150～200mm，厚为 5～6mm 的圈板，然后用绞车将它拉出校正。并在内壁用 100～300mm 的断续焊缝水平安装一根预制好的角钢，其长度应比凹陷处长 200～250mm。如拉正后发现该处圈板上有裂纹时，则应更换一块钢板。新换钢板厚度不大时，可以搭接焊补在里面。

⑩ 罐壁更换整板的拆装中，应注意吊装作业的安全。同时，为保持罐体的稳定性，一般宜将罐板分成若干等份，实行分步拆装，以使新壁板安装时有基准。如罐体圆度难以掌握时，可在内壁加设槽钢胀圈。

（3）壁板的焊接宜接下列顺序进行。

① 罐壁的焊接工艺程序为先施焊纵向焊缝，然后施焊环向焊缝。

② 当纵向焊缝数量不小于 3 时，应留一道纵向焊缝最后组对焊接。

（4）罐壁开口、补强和嵌板。

① 罐壁开口检测。

a. 在现有无补强的开口处增设补强板，新的热开孔接管，应在直接受影响区域内进行分层次的超声波检测。

b. 拆除并清理原有补强板与壁板的连接焊缝时，对割削或打磨处的孔穴除目视检查外，还应进行磁粉或渗透方法检测。

c. 对已完工的接管，其补强板与罐壁、接管颈的连接焊缝均应用磁粉或渗透方法检测。

d. 对进行过热处理的组合件，在水压试验之前，除目视检查外，还应进行磁粉或渗透方法检测。

e. 对采用嵌板组装的熔深焊缝，嵌板与罐壁板间的对接焊缝应全部进行射线照相检测。

② 罐壁开口的修理及补强。

a. 接管公称直径大于 50mm 的开孔应补强。开孔补强应按照等面积补强法进行设计，有效补强面积不应超出下列规定的范围。

（a）沿罐壁纵向不应超出开孔中心线上、下各 1 倍开孔直径。

（b）沿接管轴线方向，不应超出罐壁表面内、外两侧各 4 倍的管壁厚度。

b. 两开孔之间的距离应符合下列规定。

（a）两开孔至少 1 个有补强板时，其最近角焊缝边缘之间的距离不应小于较大焊脚尺寸的 8 倍且不应小于 150mm。

（b）两开孔均无补强板时，角焊缝边缘之间的距离不应小于 75mm。

c. 罐壁开孔角焊缝外缘（当设有补强板时，为补强板角焊缝外缘）到罐壁纵环焊缝中心线的距离应符合下列规定。

（a）罐壁厚度不大于 12mm 或接管与罐壁板焊后进行消除应力热处理时，距纵焊缝不应小于 150mm，距环向焊缝不应小于壁板名义厚度的 2.5 倍且不应小于 75mm。

（b）当罐壁厚度大于 12mm 且接管与罐壁板焊后不进行消除应力热处理时，应大于较大焊脚尺寸的 8 倍，且不应小于 250mm。

d. 罐壁开孔接管与罐壁板、补强板焊接完毕并检验合格后，属于下列情况的应进行整体消除应力热处理。

（a）标准屈服强度下限值小于或等于 390MPa，板厚大于 32mm 且接管公称直径大于 300mm。

（b）标准屈服强度下限值大于 390MPa，板厚大于 12mm 且接管公称直径大于 50mm。

（c）板厚大于 25mm 的 16MnDR。

4.3.3.3　储罐底板修理

底板局部修理时，宜优先选择不动火修补，弹性聚氨酯涂料修补、环氧树脂玻璃布修补、螺栓堵漏等方法。

（1）中幅板更换。

① 全部或大面积更换中幅板、拆除龟甲缝时，不得损伤边缘或非拆除部位的钢板。

② 全部或局部拆除边缘板，应用电弧气刨刨除大角焊缝的焊肉，不得咬伤壁板根部。

③ 在全部或局部更换边缘板时，要采取措施防止壁板和边缘板的位移。

④ 罐基础修理验收合格后，方可铺设罐底板。

⑤ 罐底关键区域，即环形边缘板大角焊缝 300mm 范围内不得有补板焊接，但允许进行点蚀的补焊。

（2）局部更换中幅板或补板。

① 确定更换中幅板或补板部位时，应尽量避开原有焊缝 200mm 以上。

② 如果更换中幅板面积较大，应注意先把新换的钢板连成大片，最后施焊新板与原底板间的焊缝。

③ 在焊接过程中，应采取有效的防变形措施，以保证原有中幅板和新更换中幅板施工完成后符合标准要求。

（3）更换边缘板或补板。

① 认真确定更换部位的几何尺寸，边缘板下料时应考虑对接焊缝收缩量。

② 更换边缘板施焊前，应采取有效的防变形措施，边缘板如采用搭接结构，要处理好压马腿位，以保证两板错边量不大于 1mm。

③ 全部更换边缘板时，应采用全对接结构。

④ 边缘板上新的对接焊缝或补板边缘焊缝，距罐壁板纵焊缝和边缘板原有焊缝不得小于 200mm。

（4）底板的焊接要求。

① 底板铺设前，其下表面应涂刷防腐涂料，每块底边缘 50mm 范围内不刷。

② 中幅板焊接时，应先焊短焊缝、后焊长焊缝；初层焊道应采用分段退焊或跳焊法；对于局部换板或补板，应采用使应力集中最小的方法。

③ 底板采用带垫板的对接时，焊缝应焊透，表面平整。垫板应与对接的两块底板紧贴，其间隙不大于 1mm。

④ 中幅板采用搭接时，其搭接宽度宜为 5 倍板厚且实际搭接宽度不应小于 25mm；中幅板宜搭接在环形边缘板的上面，实际搭接宽度不应小于 60mm。

采用对接时，焊缝下面应设厚度不小于 4mm 的垫板，垫板应与罐底板贴紧并定位。

⑤ 厚度不大于 6mm 的罐底边缘板对接时，焊缝可不开坡口，焊缝间隙不宜小于 6mm。厚度大于 6mm 的罐底边缘板对接时，焊缝应采用 V 形坡口。边缘板与底圈壁板相焊的部位应做成平滑支撑面。

⑥ 中幅板、边缘板自身的搭接焊缝以及中幅板与边缘板之间的搭接焊缝应采用单面连续角焊缝，焊脚尺寸应等于较薄件的厚度。

⑦ 搭接接头三层钢板重叠时，应将上层板切角。切角长度应为搭接长度的 2 倍，其宽度应为搭接长度的 2/3。在上层板铺设前，应先焊接上层底板覆盖部分的钢板。

⑧ 罐底板任意相邻的 3 块板焊接接头之间的距离及 3 块板焊接接头与边缘板对接接头之间的距离不应小于 300mm。边缘板对接焊缝至底圈罐壁纵焊缝的距离不应小于 300mm。

⑨ 底圈罐壁板与边缘板之间的 T 形接头应采用连续焊。罐壁外侧焊脚尺寸及罐壁内侧竖向焊脚尺寸应等于边缘板两者中较薄的厚度且不应大于 13mm；罐壁内侧的焊缝沿径向尺寸宜取 1.0～1.35 倍的边缘板厚度。当边缘板厚度大于 13mm 时，罐壁内侧可开坡口。

（5）底板裂纹或变形的修理。

① 裂纹修理。对于长度小于 100mm 的裂纹，应在裂纹两端 100～150mm 处各钻 ϕ6mm～ϕ12mm 的孔，然后，至少分两遍进行直接补焊。当裂纹长度大于 100mm 时，除两端钻孔补焊外，尚应焊上一块盖板，其盖板在每一方向上均应超过裂缝 250mm 以上。对于大裂纹，若补盖板不可靠时，可将裂纹处的钢板割去，重新焊以新板。割出钢板宽度一般为 1m 左右，其长度至少应比裂纹长 500mm。

② 底板变形过大，一般采取割焊口，消除应力后重新施焊。如不行，应更换新板。

（6）充水试验。

罐底板检修后，应进行充水试验。

（7）浮顶罐底板修理时的注意事项。

① 新罐底必须保持浮顶支柱停在最低位置时的水平度，以防浮盘卡住。

② 应装配浮顶支柱和导向柱等的新支承（垫）板。

4.3.3.4　储罐顶板修理

（1）顶板玻璃钢树脂涂敷修理。

顶板的修理，一般可以在罐顶板进行脱漆处理后，采用玻璃钢树脂涂敷修理，最后在其表面涂上用银粉和环氧树脂配制的防静电涂层。

（2）顶板更换。

① 新罐壁的组装一般应采用槽钢或角钢制作的胀圈以保证罐体的圆整度。罐体的连接采用对接或搭接。采用搭接时，搭接宽度不应小于 5 倍板厚且实际搭接宽度不应小于 25mm；顶板外表面的搭接缝应采用连续满角焊，内表面的搭接缝可根据使用要求及结构受力情况确定焊接形式。顶板自身的拼接焊缝应为全焊透对接结构。

② 罐顶与罐壁采用弱连接结构时，连接处应符合下列规定。

a. 直径不小于 15m 的储罐应符合下列规定：

（a）连接处的罐顶坡度不应大于 1/6。

（b）罐顶支撑构件不得与罐顶板连接。

（c）顶板与包边角钢仅在外侧连续角焊且焊脚尺寸不应大于 5mm，内侧不得焊接。

b. 直径小于 15m 的储罐，除应满足 4.3.3.4（2）第①条的全部要求外，同时还应满足下列要求：

（a）应进行弹性分析确认，在空罐条件下罐壁与罐底连接处强度不应小于罐壁与罐顶连接处强度的 1.5 倍，满罐条件下壁与罐底连接处强度不应小于罐壁与罐顶连接处强度的 2.5 倍。

（b）与罐壁连接的附件（包括接管、人孔等）应能够满足罐壁竖向位移 100mm 时不发生破坏。

（c）罐底板应采用对接结构。

c. 采用锚固的储罐除应满足 4.3.3.4（2）第①条的全部要求外，锚固和配重还应按照 3 倍罐顶破坏压力进行设计。

③ 罐顶板更换时，一般宜在暂设于罐内的中心柱上进行组装，焊完后拆除。新顶板厚度应不小于 5mm。

④ 顶板预制。

a. 更换整块顶板时，单块顶板的拼接可采用对接或搭接，任意两相邻焊缝的间距不应小于 200mm。

b. 顶板的加强筋板弧度，用弧形样板检查，其与顶板的间隙不应大于 2mm。加强筋板采用对接时，应加垫板且必须完全焊透；采用搭接时，其搭接长度不应小于加强筋板宽度的 2 倍。

⑤ 顶板组装。

a. 罐顶支撑柱的垂直度不应大于柱高的 0.1% 且不应大于 10mm。

b. 顶板应按画好的等分线对称组装。顶板搭接宽度允许偏差应为 ±5mm。

（3）固定顶顶板的焊接。

① 先焊内侧焊缝，后焊外侧焊缝。径向的长焊缝宜采用焊缝对称施焊方法，并由中

心向外分段退焊。

② 顶板与包边角钢焊接时，焊工应对称均匀分布，并沿同方向分段退焊。

③ 局部更换浮顶板或补板时，浮顶焊接应注意采用收缩变形最小的焊接工艺和焊接顺序。

4.3.3.5 内浮盘修理

（1）内浮盘的修理，必须按储罐清洗有关规定的要求进行排除油气和通风之后进行修理。

（2）浮盘裂纹等应尽可能采取涂环氧树脂修复。

（3）浮盘倾斜卡住时，应临时增设支架柱，防止继续下落。导向管或支柱局部弯曲，应修理或更新。密封带损坏可修补或更新。

（4）浮盘修理时，必须将浮盘安置在支柱上。当支柱有故障时，可临时用支架和千斤顶支撑。

（5）浮顶预制。

① 整体更换浮顶应符合设计要求。

② 局部更换时，按照设计图纸的要求，认真确定更换部分的几何尺寸，然后进行板材的预制加工。

③ 船舱底板及顶板预制后，其平面度用 1m 长的样板检查，间隙不得大于 4mm。

（6）浮顶组装。

① 浮顶整体组装应符合设计要求。

② 应确保修理部位与原浮顶的一致性。

③ 单盘的修理应采取防变形技术措施，尽可能减少变形。

④ 浮顶板的搭接长度允许偏差应为 ±5mm。

⑤ 浮顶外边缘环板与底圈罐壁间隙允许偏差应为 ±15mm。

⑥ 浮顶环板、外边缘环板的组装，应符合下列规定。

a. 浮顶环板、外边缘环板对接接头的错边量不应大于板厚 0.15 倍且不应大于 1.5mm。

b. 浮顶外边缘环板垂直度不应大于 3mm。

c. 用弧形样板检查浮顶环板、外边缘环板的凹凸变形，弧形样板与浮顶环板、外边缘环板的局部间隙不应大于 10mm。

（7）内浮盘的质量检查

① 焊缝严密性检查。

a. 向空舱内压入空气，使压力达到 1kPa 时，在所有外面的焊缝上涂刷肥皂液检漏；浮舱中的敞口空舱用真空箱或煤油渗透法检漏。

b. 内浮盘壁板应采用真空法检漏，试验负压值不应低于 53kPa。边缘侧板与内浮盘壁板间的焊缝及边缘侧板的对接焊缝均应采用煤油渗透法检漏。

② 检修后，应向罐内注水。在注水中，应注意观察。

a. 浮盘有无倾斜、卡住的现象，并检查浮盘密封装置是否贴合、严密，活动是否平稳。

b. 检查所有故障是否都已排除。此外，还应检查导静电线状况，接地装置是否有效等。

4.3.3.6 储罐焊缝修理

对焊缝的裂纹、未熔合、超标夹渣和气孔，应用铲削或磨削的方法将焊缝完全铲除后，焊补修理。使用年久的储罐的超高焊缝，可不做修理；但对有碍操作的情况（如浮顶储罐内壁焊缝），则应通过磨削方法进行修理。

（1）焊接技术要求。

a. 焊接工艺评定、焊工考核、焊前准备应符合立式储罐安装要求。

b. 中幅板焊接时，应先焊接短焊缝，再焊接长焊缝；焊第一层时应采用分段退焊或跳焊法；局部换板或补板，应采用应力集中最小的方法。

c. 边缘板的焊接应符合下列规定。

（a）首先焊接靠外缘 300mm 部位的焊缝；在罐底与罐壁连接的角焊缝（即大角焊缝）焊完后，边缘板与中幅板之间的收缩缝施焊前，应完成剩余的边缘板对接焊缝的焊接。

（b）焊第一层边缘板对接焊缝时，应采用焊工均匀分布、对称焊接方法。

（c）收缩缝的第一道焊接应采用分段退焊或跳焊法。

（d）罐底与罐壁连接的大角焊缝的焊接，应在底圈壁板纵向焊缝焊完后施焊，并由数对焊工从罐内外沿同一方向进行分段焊接。第一道焊接应采用分段退焊或跳焊法。

（e）壁板的焊接宜按下列顺序，罐壁的焊接工艺程序为先焊纵向焊缝，再焊环向焊缝。当纵向焊缝数量不小于 3 时，应留一道纵向焊缝最后组对焊接。

（f）顶板的焊接顺序是先焊内侧焊缝，后焊外侧焊缝。径向的长焊缝宜采用隔缝对称焊接方法，并由中心向外分段退焊。顶板与包边角钢焊接时，焊工应对称均匀分布，并沿同一方向分段退焊。局部更换浮顶板或补板时，浮顶焊接应注意采用收缩变形最小的焊接工艺和焊接顺序。

（2）焊接质量检验。

① 焊缝外观检查。

a. 焊缝表面及热影响区不得有裂纹、气孔、夹渣、弧坑和末焊满等缺陷。

b. 对接焊缝的咬边深度不应大于 0.5mm；咬边的连续长度不应大于 100mm；焊缝两侧咬边的总长度，不应大于该焊缝长度的 10%；罐壁钢板的最低标准屈服强度大于 390MPa 或厚度大于 25mm 的低合金钢的底圈壁板纵缝不应存在咬边。

c. 罐壁纵向对接焊缝不得有低于母材表面的凹陷；罐壁环向对接焊缝和罐底对接焊缝低于母材表面的凹陷深度，不得大于 0.5mm；凹陷的连续长度，不得大于 100mm；凹陷的总长度，不得大于该焊缝长度的 10%。

d. 对接接头焊缝表面加强高不应大于焊缝宽度 0.2 倍再加 1mm，最大为 5mm。

e. 对接接头焊缝表面凹陷深度：壁厚 4～6mm 时应不大于 0.8mm；6mm 以上时，应小于 1mm；长度不应大于焊缝全长的 10%；每段凹陷连续长度应小于 100mm。

f. 角焊缝的焊脚应符合设计规定尺寸，外形应平滑过渡咬边深度应不大于 0.5mm。

② 底板严密性试验。

a. 罐底严密性试验前，应清除一切杂物，除净焊缝上的铁锈并进行外观检查。

b. 罐底的严密性试验可采用真空检漏法。检漏时，真空箱内真空度不应低于 53kPa。

③ 罐壁焊缝检验。焊缝的严密性试验一般采用煤油试验法。

a. 在罐外是连续焊缝，罐内是间断焊缝的搭接焊缝，以及对接焊缝都要喷涂煤油，对其进行严密性检查。焊缝检查时，要把脏物和铁锈去掉，并涂上白粉乳液或白土乳液，干燥后在其另一侧的焊缝上至少要喷涂 2 次煤油，每次中间要间隔 10min。由于煤油渗透力强，可以流过最小的毛细孔，如果煤油喷涂浸润 12h 后，在涂有白粉的焊缝表面没有出现斑点，焊缝就符合要求。如果周围气温低于 0℃，则需在 24h 后不应出现斑点。冬天，为了加快检查速度，允许将煤油加热至 60~70℃喷涂浸润焊缝。这种情况下，在 1h 内不应出现斑点。

b. 焊在有垫板上的对接焊缝和双面搭接焊缝的严密性试验应在搭接钢板上钻孔，用 10.1MPa 的压力压送煤油到钢板或垫板之间的隙缝中进行试验。检测时在涂上白粉乳液或白土乳液干燥后，压入煤油，1h 后在涂有白粉焊缝的表面没有出现斑点，焊缝就符合要求。试验以后，将钻孔喷吹干净并重新焊好。

④ 罐顶焊缝检验。

a. 拱顶的严密性和强度试验。在罐内充水高度大于 1m 后将所有开口封闭继续充水，罐内空间压力达到设计规定的正压试验数值后，暂停充水，在罐顶焊缝表面涂上肥皂水，未发现气泡且罐顶无异常变形，其严密性和强度试验即为合格。如发现缺陷应在补焊后重新进行试验。

b. 罐顶的稳定性试验，应在充水试验合格后放水时进行（此时水位为最高操作液位）。即在罐顶所有开口封闭情况下放水，当罐内空间压力达到负压设计规定的负压试验值时，再向罐内充水，使罐内空间达到常压，检查罐顶无残余变形和其他破坏现象，则认为罐顶的稳定性试验合格。

c. 罐顶试验时，要防止由于气温骤变而造成罐内压力波动。应随时注意控制压力，采取安全措施。

⑤ 焊缝内部质量检查，按规范规定采取无损伤探伤、超声波探伤、磁粉探伤渗透探伤等方法检查。

（3）焊缝修补与返修。

① 深度超过 0.5mm 的划伤、电弧擦伤、焊疤等缺陷，应打磨平滑；打磨修补后的钢板厚度应不小于钢板名义厚度扣除负偏差值；缺陷深度或打磨深度超过 1mm 时，应进行补焊并打磨平滑。

② 焊缝表面缺陷超过规定时，应进行打磨或补焊。

③ 焊缝表面缺陷的修补，应符合下列规定。

a. 焊缝表面缺陷超过 GB 50128—2014 第 7.1.2 条规定时，应进行打磨或补焊。

b. 焊缝表面缺陷应采用角向磨光机磨除，缺陷磨除后的焊缝表面若低于母材，则应进行焊接修补。

c. 焊缝两侧的咬边和焊趾裂纹的磨除深度不应大于 0.5mm，当不符合要求时应进行焊接修补。

d. 罐壁钢板的最低标准屈服强度大于 390MPa 或厚度大于 5mm 的低合金钢的底圈壁板纵缝的咬边，应修补、打磨至与母材圆滑过渡。

④ 棵缝内部缺陷的返修，应符合下列规定。

a. 根据产生缺陷的原因，选用适用的焊接方法，并应制订返修。

b. 焊缝内部的超标缺陷在焊接修补前，应探测缺陷的埋置工艺深度，确定缺陷的清除面，清除长度不应小于 50mm，清除的深度不宜大于板厚的 2/3；当采用碳弧气刨时，缺陷清除后应修磨。

c. 返修后的焊缝，应按原规定的方法进行无损检测，并应刨槽。

d. 焊接返修的部位、次数和检测结果应做记录。达到合格标准。

⑤ 罐壁钢板的最低标准屈服强度大于 390MPa 的焊接应返修，还应符合下列规定。

a. 缺陷清除后，应进行渗透检测，确认无缺陷后方可进行补焊。修补后应打磨平滑，并做渗透或磁粉检测。

b. 焊接修补时应在修补焊道上增加一道凸起的回火焊道焊后应再修整与原焊道圆滑过渡。

c. 罐壁焊接修补深度超过 3mm 时，修补部位应进行射线检测。

⑥ 不锈钢储罐焊缝的返修，应符合下列规定。

a. 缺陷的清除宜采用角向磨光机磨除。当采用碳弧气刨清除缺陷时，应将渗碳层清除干净。

b. 返修焊接时，层间温度不宜超过 150℃。

c. 设计文件有抗晶间腐蚀要求的，焊缝返修后仍应保证原有要求。

⑦ 同一部位的返修次数，不宜超过 2 次；当超过 2 次时，应查明原因并重新制订返修工艺，且应经施工单位现场技术总负责人批准后实施。

⑧ 罐体充水试验中发现的罐壁焊缝缺陷，应放水使水面低于该缺陷部位 300mm 左右，并应将修补处充分干燥后再进行修补。

4.3.3.7　储罐附件检修

（1）宜采用结构合理、技术先进的新型附件。

（2）罐体开孔接管应符合下列要求。

① 开孔接管的中心位置偏差，不应大于 10mm；接管外伸长度的允许偏差，应为 ±5mm。

② 开孔补强板的曲率，应与储罐曲率一致。

③ 开孔接管法兰的密封面不应有焊瘤和划痕，设计文件无要求时，法兰的密封面应与接管的轴线垂直，并保证法兰面垂直或水平，倾斜不应大于法兰外径的 1% 且不应大于 3mm，法兰的螺栓孔应跨中安装。

（3）量油导向管的铅垂偏差不得大于管高的 0.1%，且不应大于 10mm。

（4）在储罐充水试验过程中，应调整浮顶支柱的高度。

（5）中央水管的旋转接头，安装前应在动态下以 390MPa 压力进行水压试验，无渗漏为合格。

（6）密封装置在运输和安装过程中应注意保护，不得损伤。橡胶制品安装时，应注意防火。刮蜡板应紧贴壁板，局部最大间隙不应超达 5mm。

（7）转动浮梯中心线的水平投影，应与轨道中心线重合，偏差不应大 10mm。

4.3.4　储罐大修项目

凡属于表 4.21 内容之一者均列为大修项目。

表 4.21　储罐大修项目及标志

储罐大修理项目	主要标志
更换储罐内所有垫片	储罐人孔、进出油管、排污阀等处垫片老化，发现两处以上经紧固螺栓无效的（凡储罐大修时，均应检查更换全部垫片）
储罐表面保湿及防腐喷漆	储罐表面保湿层或漆层起皮脱落达 1/4 以上

罐体、罐顶或罐底腐蚀严重超过允许范围需动火修理或换底

① 罐体圈板纵横焊缝，尤其是底圈板的角焊缝，发现连续针眼渗油或裂纹，应立即腾空修理，不得继续储油。

② 圈板麻点深度超过以下规定值：

钢板厚度（mm）	3	4	5	6	7	8	9	10
麻点深度（mm）	1.2	1.5	1.8	2.2	2.5	2.8	3.2	3.5

③ 钢板表面伤痕深度不应大于 1mm。

④ 罐底板小于允许最小厚度如下表：

底板厚度（mm）	4	4 以上
允许最小余厚（mm）	2.5	3.0

⑤ 底板出现面积为 2m² 以上，高度超过 150mm 的凸出或隆起部

储罐圈板凹陷、鼓泡、褶皱超过规定值时修理

① 凹陷、鼓泡允许值：

测量距离（mm）	1500	3000	5000
允许偏差值（mm）	20	35	40

② 折皱允许值：

圈板厚度（mm）	4	5	6	7	8
允许折皱高度（mm）	30	40	50	60	80

储罐基础下沉、倾斜修理	① 罐底板的局部凹凸变形，大于变形长度的 2/100 或超过 50mm；② 罐体倾斜度超过设计高度的 1%

注：（1）凡需人员进罐修理或需动火作业修理的项目，一般应按大修项目对待。

（2）本表摘自 SHS 03059—2004《化工设备通用部件检修及质量标准》。

4.3.5 储罐报废

储罐报废应根据其技术要求，综合分析安全性、可靠性、经济性而确定。一般来说，符合下列条件之一者，可以提出报废申请。

（1）罐壁板出现 1/3 严重密集点蚀，点蚀深度超过规定值。根据圈板所处部位、立罐圈板的报废厚度，可参考表 4.22。

表 4.22　报废厚度

储罐容量（m³）	各层圈板的报废厚度（mm）							
	1	2	3	4	5	6	7	8
100～200	2.0	2.0	2.0	2.0				
300～400	2.0	2.0	2.0	2.0	2.0			
700	3.3	2.6	2.3	2.0	2.0	2.0		
1000	3.8	3.2	2.6	2.1	2.0	2.0		
2000	5.5	4.7	4.1	3.4	2.7	2.0	2.0	2.0
3000	7.5	6.5	5.3	4.5	3.5	2.5	2.0	2.0
5000	8.0	6.9	5.9	4.8	3.8	2.8	2.0	2.0

（2）大修费用超过储罐原值的 50% 以上者。

（3）由于事故或自然灾害，储罐受到严重损坏无修复价值者。

（4）铆钉储罐、螺栓储罐渗漏严重者。

（5）无力矩储罐顶板开裂，罐体腐蚀严重无法恢复其原几何状态者。

5 储罐的腐蚀防护及保温

在中国储罐普遍应用在石油石化行业，它们绝大多数在石油炼化厂、油田存储系统以及战略储备库中广泛分布，绝大多数的拱顶罐都基本应用在油田系统中，而钢制储罐的腐蚀会制约整个集输系统的正常运作，如何有效延长储罐使用寿命和做好储罐的防腐工作一直是石化产业的一大难题。现今虽然中国在钢制品的防腐技术上取得了较大的发展，有效延长了钢制品的使用年限，但钢制储罐的防腐有效期距设计预期寿命（15~20年）的目标依然存在很大的差距。造成这样的主要原因仍然是储罐严重的腐蚀状况。

5.1 储罐的内腐蚀

根据中国石化储罐腐蚀事故数据统计，储罐发生内腐蚀的原因主要集中在两方面；一是储罐内储存油品含有水及矿化度较高的介质，如 CO_2、SO_2 和多种盐等，容易使钢制储罐产生腐蚀，另一方面是由于许多大型储罐内顶部、内底板和底圈壁板防腐层缺陷造成罐内防腐层脱落和点蚀（大面积）现象的发生，钢制品表面逐渐裸露。

在大型原油储罐的内部不被原油填充的上方位置处，会因浮顶在上浮之前的时候向大型原油储罐里吸入一定量的空气。当原油大型储罐的内部温度降低时，空气中的水分受冷凝结成水滴，继而会同 H_2S、O_2、Fe 相互作用，生成 FeS、Fe_2SO_3、H_2SO_4 等化学物质。由于 H_2SO_4 的存在，会给大型原油储罐内的环境提供一个酸性的环境，形成恶性循环，进一步加剧储罐内侧空间部分的腐蚀，使储罐顶部发生坑点腐蚀、片状腐蚀等局部腐蚀，腐蚀严重后就会造成腐蚀穿孔（图 5.1）。

而大型原油储罐内的油层面所在位置，会因不同位置处的 O_2 浓度不同导致 O_2 浓度差的出现，导致电化学反应引起的腐蚀，在 O_2 浓度低的一侧作为电化学反应中的阳极容易被腐蚀，一般发生在油层面稍微靠下的位置，这就发生了电化学反应引起的腐蚀。

原油储罐储存油品中多带有介质水，当罐内油品稳定后会出现油水分层，在储罐底层和水直接接触的位置，存在着多种厌氧细菌（在氧气浓度极低的原油中也存在着厌氧细菌），这些厌氧介质在阳极失去电子发生氢气的还原，在阴极一侧得到电子对氢离子进行还原，这一反应使得去极化反应可以在储罐的底层顺利进行，如图 5.2 是储罐底板内腐蚀穿孔。

近些年来中国对炼原油的规模进行逐渐扩大，使得炼得的原油中所含的 H_2S 和一些醇类物质的含量较之前有极大幅度的提高，另外在开采和运输原油的时候可能混入一定含量的海水进去，使得储罐内积水的含量大大增加，而积水中往往都含有氯离子、硫离子和硫酸根离子，这些离子的存在本身就大大增加了储罐底层的腐蚀程度，而储罐可能存在的制

图 5.1　储罐顶部腐蚀穿孔　　　　　　　　图 5.2　储罐底板腐蚀穿孔

造缺陷，会和这些不利因素结合迅速产生严重的腐蚀破坏。其中氯离子的离子半径小、移动速度快、穿透能力强，在大型储罐某处存在损伤的时候，会优先和这些金属结合形成一些可溶于水的物质，并且这些物质可以在大型储罐的底部堆积、慢慢扩大，形成腐蚀的源头。而其中的硫离子和硫酸根离子可作为阳极一侧发生反应的正向催化剂催化反应，加速大型储罐底层的腐蚀程度。另外沉积水中富含的离子程度表明其电导率较高，发生腐蚀产生的腐蚀电流的数值也就越大，大型原油储罐底层的腐蚀速度就会越高。

　　大型原油储罐内部必然存在着支柱，为储罐的罐顶提供支撑作用，但由于支柱与底板的密切贴合，在支柱承载的时候必然会给底板带来冲击，同时其接合处的位置去刷上保护涂层也十分困难，造成此处接合位置往往比底板上其他位置处的腐蚀要更加严重。为了能在支柱处底板更好地进行涂料的涂刷，会在碳钢加强垫板的上方位置焊接一块 350mm × 350mm 的不锈钢板。实际进出油操作过程中也会存在对原油液面的高度控制不当，引起支柱对底板造成一定冲击，若底板发生内陷，则加剧腐蚀发生，在底板上堆积物过多时反而会减慢腐蚀的发生。

5.2　储罐的外腐蚀

　　在大型原油储罐的外侧，发生腐蚀的类型多为空气腐蚀，即是在空气中的氧气、水蒸气和酸性空气污染物（SO_2、H_2S 等）的存在下发生的腐蚀，包括单纯的空气腐蚀、湿润的空气的腐蚀和肉眼可见的条件下大量水膜造成的储罐腐蚀（图 5.3）。由于油库当地环境决定腐蚀类型，如储罐所在区域靠近重工业区或靠近海洋时，空气中含有大量的酸性空气污染物或大量的盐类电解质，则会大大加速大型原油储罐的腐蚀速度。

　　在空气中没有或者含有极低含量的水蒸气时，储罐的外侧虽然外观没有较大改变，但是已经接触空气形成了肉眼难以见到的氧化膜。空气中含有水蒸气并且含量达到金属发生腐蚀所需要的一个临界湿度时，空气中的水蒸气会聚集在金属的表面形成一层肉眼能观察到的、薄薄的水层，此时储罐会均匀被水膜、空气等腐蚀，这种在湿润的空气中接触水蒸

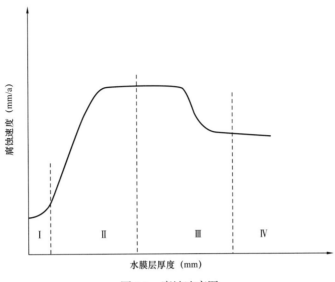

图 5.3　腐蚀速率图

气和酸性空气氧化物后发生的腐蚀，其本质为电化学腐蚀中的析氢腐蚀。当储罐所在环境下的空气相对湿度接近或等于 100% 时，在储罐的表面会聚集大量的水滴，这些水滴可进一步聚集形成覆盖大型储罐的、肉眼可见的大量水膜，对储罐造成严重的腐蚀。而原油储罐为满足工艺要求，其储罐外壁通常覆盖保温层进行保温，保温材料多为岩棉、聚氨酯泡沫塑料、复合硅酸盐等，一般情况下处于非常干燥的环境中，并且在防锈涂料的保护下不易发生腐蚀。可当保温层密封不严进入水分的情况下，保温层吸收水分结合其中大量的无机盐形成强电解质溶液，为金属的电化学腐蚀创造条件。罐壁水分腐蚀的原因主要有 3 类：（1）保温层外保护层多采用镀锌铁皮，自攻螺钉或抽芯铆钉固定，该结构遭受雨淋后可能产生保温钉处的电偶腐蚀；（2）地基基础中的水分通过毛细作用进入保温层；（3）保温层上部防雨檐缺失或防雨檐防水效果差，导致水分进入保温层，形成保温层下腐蚀（CUI）。

对于原油储罐底板的外部，常以沥青砂铺垫以防止大型储罐的底部和土壤等部位直接进行接触，但是由于地下水的毛细管作用，含有电解质的地下水仍可以和大型储罐的底层进行接触，使得电化学反应得以实现，同时由于底板位于大型储罐的下侧，位置较为隐蔽，即使发生腐蚀工作人员也不容易发现，从而导致储罐腐蚀程度进一步加深。

5.3　原油储罐的防护措施

5.3.1　大型原油储罐的内侧腐蚀防护

对于大型储罐内侧腐蚀防护，可在储罐的上下方各 2m 的内壁处使用有机添加型抗静电材料进行涂刷，可有效减少静电的长期积累。这种材料的组成成分为以酚醛树脂和聚氨基甲酸酯为代表的一类合成树脂、以金属粉末（如 Cu 粉、Al 粉、Ni 粉）和非金属材料

（如石墨）为代表的一类导电材料以及多种添加剂和溶剂等，组成材料具有较高的导电性，较好的抗腐蚀性、耐热性、抗压性、柔韧性以及良好的抗冲击能力。当罐内壁腐蚀比较严重的时候，可以利用金属火焰喷镀技术来喷镀储罐内壁，热喷铝技术广泛地应用于碳钢罐的防腐蚀处理中，喷铝涂层可以在大气中形成致密的氧化膜，避免 O_2、H_2S 等气体与罐体之间的反应。

单一涂层对于大面积的金属保护作用良好，缺陷在于对于小部分的集体不但起不到保护作用，还可以加快涂层破损补位腐蚀的速度，通过运用涂层与阴极保护相结合的方法有效应对单一涂料涂层保护的不足。对于储罐内部腐蚀防护，还可以通过添加缓蚀剂来完成，缓蚀剂可以防止和减缓原油储罐的腐蚀，同时要在保障缓蚀效果的前提下必须尽量少用，保障最佳用量。储罐所用缓蚀剂根据用途不同分为 3 类：一为防止储罐底部沉积水腐蚀所用的水溶性缓蚀剂，二为防止与油层接触的金属腐蚀的油溶性缓蚀剂，三为储罐上部与空气接触的金属防腐蚀用气相缓蚀剂。

在原油储罐运营管理上，要尽量降低进出油品的温度，原油储罐的温度越高，储罐腐蚀越容易发生。同时要及时脱水，对罐底油泥及时清理，由于原油储罐中的很多腐蚀反应都和水有着密切的联系，所以在运行过程中要及时脱水，并每年对储罐进行一次清理，除去罐底的油泥。

5.3.2　大型原油储罐的外腐蚀防护

一般罐顶外表面采用复合型防腐涂料，其组成与结构为环氧富锌底漆＋环氧云铁中间漆＋氟碳面漆（丙烯酸聚氨酯面漆）。这种防腐层与金属表面具有良好的黏结力，耐紫外线老化、耐候性好、防水防大气腐蚀，且具有良好的装饰性。

对有外保温结构的罐壁采用"上遮、下断、中防渗"的保护方法，即储罐的上部钢板表面涂刷防锈涂料，并将保温层外镀锌铁皮密封，防止雨水进入保温层，罐壁下部以防接触地表积水，可采用最下部 200mm 高的这圈罐壁不保温，但进行外防腐处理。

罐底板外表面的防腐处理类似罐底板内表面防腐处理，都是通过涂层＋阴极保护，防腐层底漆优先使用以环氧树脂为基础的高浓度锌粉涂料，如无机富锌底漆、环氧富锌底漆，优点为对钢材起到阴极保护作用、可焊性好。面漆可采用厚浆型环氧煤沥青漆或环氧沥青玻璃鳞片防腐涂料。下面关于一些静电涂料的介绍：（1）环氧树脂，是指分子中含有两个环氧基团的有机化合物，经过固化后具有良好的理化性质，对金属材料的吸附性高、硬度高、柔韧性好、化学性质稳定，较难发生化学反应。（2）聚氨基甲酸酯，是有机化合物碳骨架主链上含有重复氨基甲酸酯基团的大分子化合物的统称。由于其交联密度不同，可呈现硬质、软质或介于两者之间的性能，高强度、高耐磨和耐溶剂。（3）玻璃鳞片，是在热固性树脂里以经过特殊处理的鳞片状玻璃作填充塑料制作而成，具有耐腐蚀、抗渗透能力高、涂膜收缩率低、热膨胀系数小、固化残余应力少与耐磨损、施工简单易修补等优点。

辅助阳极是外加电流法阴极保护的重要单元，作用是将保护电流经过介质传递到被保护结构物的表面上，罐底辅助阳极一般选用网状阳极埋设。由混合金属氧化物带状阳极与钛金属连接片垂直铺设，在交叉处焊接而成阳极网，预埋在储罐基础的砂层中，相比于传统的深井阳极、分散式浅埋阳极其使用寿命更长，输出电流分布均匀，保护电位分布均匀，避免了过保护和保护不足的问题，并且施工安装方便，质量容易保证，不易受到今后工程施工的损害影响。工程上常用的牺牲阳极材料有镁和镁合金、锌和锌合金和铝合金3大类，但是锌阳极在温度高于49℃时会发生晶间腐蚀，温度高于54℃时极性发生逆转；镁阳极会有产生电火花的危险，只有铝阳极不存在过保护，并且使用寿命长、安全，适宜含 Cl^- 的电解质环境，故一般储罐内部阴极保护多选用铝合金作牺牲阳极。

储罐的边缘板防腐可采用涂覆弹性聚氨酯密封胶＋贴附无蜡中碱玻璃布或三元乙丙防腐橡胶带的防腐处理方式。

6 储罐的检测与检修

　　中国已建成的 80% 以上的油库都已服役十年以上，新建成的储罐检修期最长不宜超过 10 年，而在役储罐的检修期则为 5～7 年，以上是基于数据分析及处理的结果，对检测部件的使用寿命或一次检测时间进行计算，实际情况中需要的检修时间远远短于此时间。那么为了保证储罐设备的安全运行，就需要在规定时间内对储罐进行全方位的检修，及时发现已经劣化的部件和部位，降低事故发生的风险。而储罐的检测分外检测和内检测，外检测是在罐内储存有介质的情况下，对储罐的各个部位和部件践行检测；内检测是在罐内的介质清空后，对罐的各个部位部件进行检验，内检测过程中检测人员需要通过人孔进入罐内。

6.1　超声波检测

　　声波检测和超声波检测都是利用声波来检测探伤，不同的是声波检测是利用弹性波，而超声检测是利用超声波作用于检测介质表面反射、折射和波型转换最终返回的反射波达到探测的目的。

　　超声波检测是 5 种常规无损检测的 1 种，无损检测是在不损坏工件或原材料工作状态的前提下，对被检测部件的表面和内部质量进行检查的一种检测手段。当今国内有关的超声波标准有 NB/T 47013.3—2015、GB/T 11345—2013、CB/T 3559—2011 等，NB/T 47013.3—2015 是一个比较综合性的标准，而后两个标准为焊缝检测标准。

　　一般在均匀的材料中，缺陷的存在将造成材料的不连续，这种不连续往往又造成声阻抗的不一致，由反射定理知道，超声波在 2 种不同声阻抗的介质的交界面上将会发生反射，反射回来的能量的大小与交界面两边介质声阻抗的差异和交界面的取向、大小有关。如遇到缺陷，缺陷的尺寸等于或大于超声波波长时，则超声波在缺陷上反射回来，探伤仪可将反射波显示出来；如缺陷的尺寸甚至小于波长时，声波将绕过射线而不能反射；声波的频率越高，方向性越好，以很窄的波束向介质中辐射，易于确定缺陷的位置；超声波的传播能量大，如频率为 1MHz 的超声波所传播的能量，相当于振幅相同而频率为 1000Hz 的声波的 100 万倍。

　　超声波原理：声源产生超声波，超声波以一定方式进入被测部件传播。超声波在部件中传播遇到不同介质表面，使其传播方向和特征发生改变。改变后的超声波通过检测设备被接收并进行处理和分析，评估部件本身及其内部是否存在缺陷及缺陷的特性。

　　综合来说，超声波探伤是利用材料及其缺陷的声学性能差异对超声波传播波形反射情况和穿透时间的能量变化来检验材料内部缺陷的无损检测方法。

脉冲反射法在垂直探伤时用纵波，在斜射探伤时用横波。脉冲反射法有纵波探伤和横波探伤。在超声波仪器示波屏上，以横坐标代表声波的传播时间，以纵坐标表示回波信号幅度。对于同一均匀介质，脉冲波的传播时间与声程成正比。因此可由缺陷回波信号的出现判断缺陷的存在；又可由回波信号出现的位置来确定缺陷距探测面的距离，实现缺陷定位；通过回波幅度来判断缺陷的当量大小。

超声波探伤具有探测距离大，探伤装置体积小、重量轻，便于携带到现场探伤，检测速度快，而且探伤中只消耗耦合剂和磨损探头，总的检测费用较低等特点；超声波探伤比X射线探伤具有较高的探伤灵敏度、周期短、成本低、灵活方便、效率高，对人体无害等优点；缺点是对工作表面要求平滑、要求富有经验的检验人员才能辨别缺陷种类、对缺陷没有直观性；超声波探伤适合于厚度较大的零件检验。超声波探伤在每次探伤操作前都必须利用标准试块（CSK-IA、CSK-ⅢA）校准仪器的综合性能，校准面板曲线，以保证探伤结果的准确性。

在超声探伤前需要做的工作：

（1）修整探测面，清除焊接工作表面飞溅物、氧化皮、凹坑及锈蚀。

（2）耦合剂的选择应考虑到黏度、流动性、附着力、对工作表面无腐蚀、易清洗且经济，同时保证晶片表面与被检工作表面之间无空气间隙，保证探伤结果的准确性。

在焊缝超声波探伤中一般把焊缝中的缺陷分成3类：点状缺陷、线状缺陷、面状缺陷。在分类中把长度小于10mm的缺陷叫做点状缺陷；小于10mm的缺陷按5mm计。把长度大于10mm的缺陷叫线状缺陷。把长度大于10mm高度大于3mm的缺陷叫面状缺陷。一般的焊缝中常见的缺陷有：气孔、夹渣、未焊透、未熔合和裂纹，至今还没有一个成熟的方法对缺陷的性质进行准确地评判，只是根据荧光屏上得到的缺陷波的形状和反射波高度的变化结合缺陷的位置和焊接工艺对缺陷进行综合估判。

6.2 漏磁检测与磁粉检测

漏磁检测是指铁磁材料被磁化后，因试件表面或近表面存在的缺陷而在其表面形成漏磁场，人们可通过检测磁场的变化进而发现缺陷。漏磁场是当材料存在切割磁力线的缺陷时，材料表面的缺陷或组织状态变化会使磁导率发生变化，由于缺陷的磁导率很小，磁阻很大，使磁路中的磁通发生畸变，磁感应线流向会发生变化，除了部分磁通会直接通过缺陷或材料内部来绕过缺陷，还有部分磁通会泄漏到材料表面上空，通过空气绕过缺陷再进入材料，于是就在材料表面形成了漏磁场。

磁粉检测是以磁粉作显示介质对缺陷进行观察的方法。根据磁化时施加的磁粉介质种类，检测方法分为湿法和干法；按照工件上施加磁粉的时间，检验方法分为连续法和剩磁法。铁磁性材料工件被磁化后，由于不连续性的存在，使工件表面和近表面的磁力线发生局部畸变而产生漏磁场，吸附施加在工件表面的磁粉，在合适的光照下形成目视可见的磁痕，从而显示出不连续性的位置、大小、形状和严重程度。磁粉检验又称磁粉探伤，属于无损检测五大常规方法之一。

漏磁检测（Magnetic Fluxleakage Testing，MFT）是十分重要的无损检测方法，应用十分广泛。当它与其他方法结合使用时能对铁磁性材料的工件提供快捷且廉价的评定。习惯上人们把用传感器测量漏磁通的方法称为漏磁检测，而把用磁粉检测漏磁通的方法称为磁粉检测，并将它并列为2种检测方法。随着技术的进步，人们越来越注重检测过程的自动化。这不仅可以降低检测工作的劳动强度，还可提高检测结果的可靠性，减少人为因素的影响。

漏磁检测是用磁传感器检测缺陷，相对于渗透、磁粉等方法，有以下几个优点：

（1）容易实现自动化。由传感器接收信号，软件判断有无缺陷，适合于组成自动检测系统。

（2）有较高的可靠性。从传感器到计算机处理，降低了人为因素影响引起的误差，具有较高的检测可靠性。

（3）可以实现缺陷的初步量化。这个量化不仅可实现缺陷的有无判断，还可以对缺陷的危害程度进行初步评估。

（4）对于壁厚30mm以内的管道能同时检测内外壁缺陷。

（5）因其易于自动化，可获得很高的检测效率且无污染。

漏磁检测技术也不是万能的，有其局限性：

（1）只适用于铁磁材料。因为漏磁检测的第一步就是磁化，非铁磁材料的磁导率接近1，缺陷周围的磁场不会因为磁导率不同出现分布变化，不会产生漏磁场。

（2）严格上说，漏磁检测不能检测铁磁材料内部的缺陷。若缺陷离表面距离很大，缺陷周围的磁场畸变主要出现在缺陷周围，而工件表面可能不会出现漏磁场。

（3）漏磁检测不适用于检测表面有涂层或覆盖层的试件。

（4）漏磁检测不适用于形状复杂的试件。磁漏检测采用传感器采集漏磁通信号，试件形状稍复杂就不利于检测。

（5）磁漏检测不适合检测开裂很窄的裂纹，尤其是闭合性裂纹。

磁粉检测的优缺点也有：

（1）不连续的磁痕堆积于被检测表面上，能直观地显示出不连续的形状、大小和位置，并大致确定其性质。

（2）检测的灵敏度可检出的不连续宽度达到0.1μm，不受工件尺寸大小和几何形状的影响，可检出工件各个方向的缺陷。

（3）只能用于检测铁磁性材料表面或近表面的缺陷，且容易造成工件表面脏乱。

磁化方式按照不同励磁磁源分为以下几种：

（1）交流磁化方式。

（2）直流磁化方式。

（3）永磁磁化方式。

（4）复合磁化方式。

（5）综合磁化方式。

漏磁无损检测包括正演和反演。正演即缺陷漏磁场分析，是已知源和缺陷形状求磁场的分布；反演指缺陷的重构，由给定的漏磁场数据评估缺陷的形状参数，从而实现缺陷检测的定量化进而可视化。国内外有关漏磁检测原理的研究工作主要有漏磁检测的正演计算模型、漏磁信号的预处理和漏磁检测的反演计算模型。

6.3 射线检测

射线检测是五大常规无损检测的方法之一，射线检测中的射线一般有 X 射线和 γ 射线，X 射线的光量子的能量远大于可见光。它能穿透不能穿透的物体，在穿透物体的同时将和物体发生复杂的物理和化学作用，可以使原子发生电离，使某些物质发出荧光，还可以使某些物质发生光化学反应，如果工件局部区域存在缺陷，缺陷部位的密度和厚度是不同于其他部位的，它将引起透射线强度的变化，故用一定的检测方法来检测透射线强度，就可以判断工件中是否存在缺陷以及缺陷的位置、大小。

X 射线透照时间短、速度快，检查厚度小于 30mm 时，显示缺陷的灵敏度高，但设备复杂、费用大，穿透能力比 γ 射线小；γ 射线能透照 300mm 厚的钢板，透照是不需要电源，方便野外工作，焊缝时可一次曝光，但透照时间长，不宜用于小于 50mm 构件的透照。

X 射线有以下特点：（1）穿透性，X 射线能穿透可见光不能穿透的物质。穿透能力的强弱与 X 射线的波长以及被穿透物质的密度和厚度有关。（2）电离作用，X 射线和其他射线通过物质被吸收时，可以使组成物质的分子分解成正负离子，离子的多少和物质吸收的 X 射线量成正比。通过空气或其他物质产生电离作用，利用仪表测量电离的程度就可以计算 X 射线的量。（3）射线检测结果直观简单，可长时间保存，且对于缺陷的大小和性质的判断到位。（4）检测费用很高且速度很慢，对体积性缺陷比较合适，如气孔、疏松、夹渣等缺陷，而对于小间隙裂缝、未熔合引起的缺陷以及射线和裂纹相互垂直的缺陷检测效果较差。（5）射线检测容易对人体造成伤害，对操作人员的安全防护要求较高。

如图 6.1 是 X 射线检测原理示意图，其中 μ 和 μ′ 分别是被检物体和物体中缺陷处的线衰减系数。

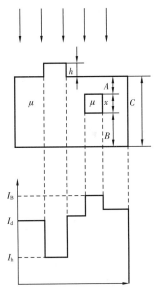

图 6.1 X 射线检测原理示意图

$$I_h = I_0 e^{-\mu(h+d)} \tag{6.1}$$

$$I_A = I_0 e^{-\mu A} \tag{6.2}$$

$$I_x = I_A e^{-\mu' x} \tag{6.3}$$

$$I_B = I_x e^{-\mu(d-A-x)} \tag{6.4}$$

所以

$$I_0 = I_B e^{[-\mu(d-x)-\mu' x]} \tag{6.5}$$

6.4　金属储罐不动火整修

为避免或减少危险性很大的动火作业，满足油库安全检修需要，经过多年的研究和实践，总结了多种不动火修补技术。油库常用不动火修补技术主要有法兰堵漏法、螺栓堵漏法、胶黏剂（补漏剂）修补法、弹性聚氨酯涂料修补法、用钢丝网混凝土（或水泥砂浆）修补法、应急堵漏法等。

国产胶黏剂品种很多，主要有环氧树脂胶黏剂、聚氨酯胶黏剂，还有各种快速耐油堵漏胶等，其中较为常用的是环氧树脂玻璃布修补法。近年来，ZQ-200 型快速耐油堵漏胶，以其良好的性能，在封堵储罐、油桶、油箱的渗漏方面都有较好的效果。

6.4.1　法兰堵漏法

法兰堵漏法适用于罐底局部腐蚀穿孔的修补（图 6.2），其步骤如下。

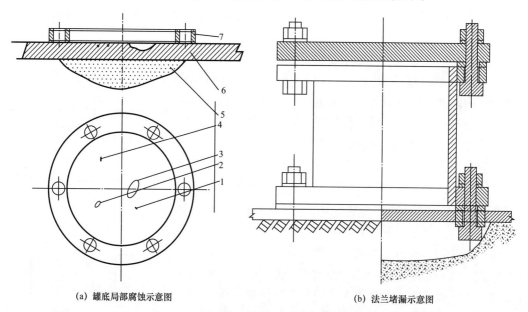

(a) 罐底局部腐蚀示意图　　　　　　　　　(b) 法兰堵漏示意图

图 6.2　罐底局部腐蚀穿孔法兰堵漏示意图

（1）第一步，腾空清洗，使其符合进罐作业的安全卫生要求。

（2）第二步，检查定位。

检查罐底腐蚀情况，标出可用法兰堵漏法修补的部位。按法兰的内孔尺寸应比腐蚀穿孔部位边缘大 20～30mm 的要求，确定适合的法兰尺寸。

（3）第三步，加工零件。

按选定法兰尺寸加工或购置堵漏所需法兰短管、半圆法兰垫板、法兰盖板、橡胶石棉垫等零部件。

（4）第四步，切除腐蚀穿孔部分。

当罐底厚度小于 4mm 堵漏时，应切除腐蚀穿孔部分。其方法是用手摇钻，沿法兰内缘连续钻直径 φ6～8mm 的孔（一边钻一边加油）。

（5）第五步，钻法兰连接孔。

按法兰盖板螺孔相应的尺寸在罐底上用手摇钻错孔。去除被腐蚀板，挖掉被油浸的沥青砂。其空间以能安设半圆垫板方便为度。

（6）第六步，安装法兰短管。

安装法兰短管（短管长以能装上螺栓为准，一般不超过 100mm），在罐底板下加半圆垫板，在法兰与罐板之间加橡胶石棉垫，拧紧所有螺栓。在法兰周围筑高于螺栓的土堤，加煤油至淹没螺栓，检查连接部位密封性。如有渗漏，找出原因处理。

（7）第七步，回填堵口。

用沥青砂向短管内回填捣实。在法兰盖板和法兰短管螺孔以内涂上煤油，加橡胶石棉垫，安上法兰盖拧紧所有螺栓，在连接缝处抹上粉笔检查密封性。

（8）第八步，注意事项。

① 罐底板厚度大于 4mm 时，可以不切除罐底腐蚀板，不加半圆垫板，直接在罐底板上钻孔、攻丝，用双头螺栓安装法兰短管。

② 腐蚀部位如在焊缝上或罐底搭接附近时，法兰与罐底结合处不易密封，不宜采用此方法堵漏。

③ 应用法兰堵漏时，也可根据当时当地的具体情况，去掉法兰短管、直接将法兰板与罐底连接堵漏。

④ 检查密封性时，如条件允许用真空法检漏比较安全。

6.4.2　螺栓环氧树脂玻璃布修补法

螺栓堵漏适用于罐底、罐壁和罐顶的腐蚀或机械损伤较小（长度成直径小于 50mm）的孔洞修补（图 6.3）。开孔定位及零件加工步骤如下。

（1）第一步，开孔定位及零件加工。根据罐底板腐蚀损伤情况，用手摇钻钻出长方形孔洞，其大小恰好能将特制钯钉螺帽放到罐底下。开孔后将孔内的沥青砂挖出，根据孔洞形状和大小加工钢压板（压板与罐板接触宽 20～30mm）、特制钯钉螺母和压板螺杆、橡胶石棉垫片将罐底板孔口周围除锈至见到金属光泽。

（2）第二步，安装压板。将特制钯钉螺母放至罐底板下并用细铁丝吊起，用沥青砂填满空隙，垫起特制钯钉螺母，去掉铁丝。在孔口周围涂 1～1.5mm 厚的胶剂，如白铅油、洋干漆、环氧树脂补漏剂等。然后将橡胶石棉垫片、压板分别放在孔口上（压板孔对正特制钯钉螺母口），再将压板螺杆轻轻拧入特制钯钉螺母中，对正后行紧。

（3）第三步，涂刷补漏剂。压板装好后，清除周圆的脏物，用环氧腻子将压板、压板螺杆周围填补成弧形；涂厚 2.5～3mm 的环氧树脂补漏剂，贴一层玻璃布；再涂厚 2～2.5mm 的补漏剂，贴一层玻璃布，再涂 2～2.5mm 的补漏剂。贴玻璃布时应平整、无皱折、无气泡。

（4）第四步，罐壁、罐顶螺栓堵漏。罐壁、罐顶的机械性损伤孔洞，可用螺栓两边加垫板，涂胶黏剂，用螺母拧紧，然后涂抹3次补漏剂、玻璃布2层修补。这里应注意的是两边加的垫板应有弧度，以保证垫板与罐板接触良好。另外罐板原来的厚度大于6mm时，可直接钻孔、攻丝，用特制螺杆固定、压紧垫板，再用补漏剂处理修补。

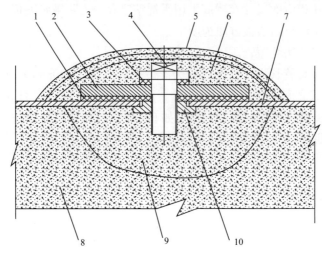

图 6.3　螺栓堵漏示意图

1—橡胶石棉垫片；2—钢压板；3—橡胶石棉垫片；4—特制压板螺栓；5—玻璃布和补漏剂；6—环氧腻子；7—罐底板；8—沥青砂垫层；9—回填沥青砂；10—特制钯钉螺母

6.4.3　环氧树脂玻璃布修补法

6.4.3.1　钢板表面处理

（1）表面处理的准备。储罐用胶黏剂补漏时，为减少油压对修补层的剥离力，多从罐内进行修补（罐顶宜从罐外修补）。在实际中，罐底修补最多，也只能从罐内修补。因此首先应腾空储罐清洗，使其达到罐内作业的安全卫生标准。采用真空或检漏剂进行检查，确定渗漏部位并做好标记。

（2）清洗旧漆和氧化皮。清除钢板上的旧漆、铁锈，擦净表面油污，并用粗砂布将氧化皮打磨掉，显出金属光泽。然后用无水酒精或丙酮擦拭清洗，使渗漏孔眼、蚀坑、裂纹显露出来，其清洗范围应比腐蚀面周边大100mm左右。

（3）刮腻子堵漏孔和蚀坑。如有较大的孔眼和蚀坑，应用软金属将孔眼填堵，略低于罐底板；如有裂纹，应在其两端钻直径6~8mm的止裂孔，并将孔用软金属填堵。然后用灰刀将环氧腻子（其配方见表6.1）刮在腐蚀部位填堵孔眼、蚀坑、裂纹，并向四周抹开，使之与金属紧密结合。

表 6.1　环氧腻子配方
单位：g

原料名称	环氧树脂	正丁酯	乙二胺	丙酮	石灰粉
数量	100	10	6	3~5	20~30

注：环氧腻子配方较多，本文只列举一例。

6.4.3.2 涂刷补漏

用胶黏剂补漏通常是胶黏剂与玻璃布（含帆布、棉布等）交错涂贴，采用三胶二布或四胶三布进行补漏（布层太多易脱落）。现以环氧树脂玻璃布补漏为例说明胶黏剂补漏法。

（1）环氧树脂补漏剂配制。环氧树脂补漏剂的配方有多种，表6.2是其中2种，配制时先将环氧树脂倒入容器（不易倒出时可用水浴加热），加入稀释剂搅拌均匀，在涂刷前再加乙二胺搅拌均匀。因为丙酮易挥发，乙二胺容易凝固，所以每次配制不应太多，以1h用完为宜。

表 6.2　环氧树脂补漏剂配方　　　　　单位：g

原料名称	黏结剂	固化剂	稀释剂	
	环氧树脂	乙二胺	二丁酯	丙酮
配方一	100	10	20	
配方二	100	10～15		15～20

注：（1）常用国产双酚A型环氧树脂：
　　E—44，6101 软化点：12～20℃，环氧值：0.41～0.47；
　　E—42，637 软化点：21～27℃，环氧值：0.38～0.45；
　　E—35，638 软化点：20～35℃，环氧值：0.30～0.40。
　　（2）常用胺类固化剂：
　　乙二胺：无色透明液体，常用量为6%～8%，固化条件常温2d；
　　二乙烯三胺：无色透明液体，常用量为8%～11%，固化条件常温2d；
　　三乙烯四胺：棕色透明液体，常用量为10%～14%，固化条件常温2d；
　　四乙烯五胺：棕色透明液体，常用量为11%～15%，固化条件常温2d；
　　多乙烯多胺：深棕色黏稠液体，常用量14%～15%，固化条件常温2d；
　　己二胺：无色透明液体，常用量为12%～15%，固化条件常温2d；
　　间苯二胺：深琥珀色结晶体，常用量为14%～16%，固化条件120～150℃ 2h。
　　（3）常用增塑剂：
　　邻本二甲酸二丁酯：常用量为5%～10%；
　　二辛脂：常用量为5%～10%；
　　磷酸三丁酯：常用量为5%～10%；
　　磷酸三甲酚脂：常用量为5%～10%。
　　（4）稀释剂：
　　苯、甲苯、二甲苯、丙酮、甲乙酮、环乙酮等。
　　（5）常用填料：
　　二氧化钛、氧化铝、氧化铁、氧化铅等。
　　（6）常用骨料：
　　玻璃丝布、棉布、金属丝网。

（2）布料处理。玻璃布、帆布、棉布等表面一般都含有水分或者黏有浆料、油脂等，会影响补漏质量。所以，布料宜进行烘干处理，通常置于20℃恒温箱中保持30min。

（3）涂贴补漏。涂刷厚1～3mm的环氧树脂补漏剂，立即贴1层玻璃布并压紧、刮平、排除气泡；再涂刷厚 1～1.5mm 的环氧树脂补漏剂，再贴 1 层玻璃布，最后再涂刷 1 层环氧树脂补漏剂。

（4）检查防腐。修补层一般经一昼夜则基本固化，用真空法检查无渗漏后，即可进行防腐处理。

6.4.3.3 注意事项

（1）补漏剂配制时，配方应准确，投料顺序不能错，以保质量，配制的补漏剂应不断搅拌以防固化；气温低时可用 30℃ 左右的水浴保温。

（2）修补面积应大于腐蚀面积，每边为 30～40mm；后贴的玻璃布应大于前一层玻璃布，以保证与钢板结合平缓，受力均粘贴牢固。

（3）施工人员应明确分工，动作迅速，补漏剂宜现配现用，尽量缩短放置时间，以防凝固失效。

（4）稀释剂易挥发、有毒，施工中不得直接接触，并应加强通风，防止人员中毒。

（5）修补面腐蚀严重，钢板余量较薄或有蚀孔时，可先粘贴 0.1～0.15mm 的不锈钢板或者 1～2mm 的钢板后再用补漏剂处理。加垫的不锈钢皮或钢板尺寸应比孔洞或钢板厚度减薄部分大 40mm 左右，保证与被修钢板接触良好，并采取压紧措施，待固化后再行补漏。

6.4.4 ZQ-200 型快速堵漏胶的使用

ZQ-200 型快速堵漏胶除用于储罐、油桶、油箱渗漏修补外，还可用于仪表、竹木、陶瓷、工艺品和其他物品的黏接，其特点是耐油性好、附着力强、固化快（常温 5min），使用温度范围宽（-30～120℃），并可带油堵漏。修补程序是表面处理—调制胶浆—涂刷胶浆。

6.4.4.1 表面处理

被修补储油容器表面处理分 2 种情况：一是小容器，强度要求不高的油桶等，只需清除表面油污、旧漆、铁锈，擦拭干净即可；二是储油容器较大，强度要求较高的储罐，应清除表面油污、旧漆、铁锈并见到金属光泽，用丙酮等溶剂擦拭干净。

6.4.4.2 调制胶浆

将甲、乙、丙三组分按体积 1：1：0.5 比例放入调制容器中，再加入适量复合填料搅拌均匀即成。

6.4.4.3 涂刷胶浆

当渗漏点较大、渗漏严重时，先用少量较稠的胶浆强行堵住，用指压使其固化，后再用较稀的胶浆涂刷漏点至不渗为止。也可在胶浆层中加贴 2～3mm 棉布的方法予以加强。涂刷的胶浆在常温下 2～3min 自行固化。固化过程中应防止不必要的外力，以保证修补强度。

6.4.5 弹性聚氨酯涂料修补法

弹性聚氨酯涂料以其耐水、耐油、防渗性能好、附着力强以及有一定伸长性和强度、能与钢板共同变形等优良性能，成为储罐防腐、不动火修理的理想材料。该涂料适用于储罐大面积修复和局部修补，对于焊接质量差造成渗漏，漏电又难查出时的涂刷补漏尤为方便。

6.4.5.1 涂层的组合形式及性能

弹性聚氨酯修复，由耐水性好、附着力强的聚醚聚氨酯底层及耐油、防渗性能好的弹性聚氨酯面层涂料组合而成。局部修补罐底、焊缝、孔洞时为提高底层与面层间的黏附力，可在底面层间增涂一道过渡层；被修补面因腐蚀而有麻点时，应用弹性聚氨酯腻子刮平。

（1）涂层的组合。

涂层的组合见表 6.3。

表 6.3 弹性聚氨酯涂料修复储罐的涂层组合

使用部位	涂层组合		
	底层	过渡层	面层
罐底局部孔洞、焊接处、接管处等部位	甲组分（聚醚预聚物）和乙组（环氧树脂铁红色浆）按比例配制	底层涂料与面层涂料按质量比配制	聚氨酯预聚物和固化剂按比例配制。分灰、白两色，交替使用，以防漏刷

（2）涂料配制。

① 底层涂料根据需要量按质量比混合，搅拌均匀。

② 面层涂料，先将乙组分用乙酸乙酯配制 30% 的溶液，即将 30 份质量的乙组和 70 份质量的乙酸乙酯于干净的容器中，用水浴加热（温度不宜超过 70℃）至乙组分完全溶解（液体呈透明桔红色或茶色）。再将甲组分与配制的乙组分溶液按质量比混合搅拌均匀。

③ 过渡层涂料是由底层涂料和面层涂料按质量比混合，搅拌均匀。

④ 弹性聚氨酯腻子是将适量的滑石粉加入底层材料中调制成膏状物。

⑤ 涂料配比见表 6.4。

表 6.4 弹性聚氨酯涂料各涂层比（质量比）

底层涂料	面层涂料	过渡层涂料	腻子
甲组分：乙组分	甲组分：乙组分溶液	底层涂料：面层涂料	底层涂料
1：1.5	10：3	1：1	加入适量滑石粉

（3）涂料和涂层性能。

涂料和涂层性能见表6.5。

表 6.5 弹性聚氨酯涂料和涂层性能

涂层类	涂料性能	涂层性能
底层	（1）固体分含量不低于65%； （2）在25℃条件下，有效使用时间4h； （3）在10℃以下，相对湿度95%以下，能正常施工且固化成膜； （4）甲乙两组分在25℃下，可密封存储1a	（1）外观平整、光滑； （2）硬度（25℃、3d后）：0.5HB； （3）冲击（25℃、3d后）：正反都通过50N·m； （4）弹性（25℃、3d后）：1mm
面层	（1）固体分含量不低于60%； （2）在25℃条件，有效使用时间为4h； （3）在10℃左右，相对湿度95%以下，能正常施工且固化成膜； （4）聚氨酯预聚物在室温下，密封储存期为2a左右	（1）外观平整、光滑； （2）伸长率为500%左右； （3）与聚醚聚氨酯底层的黏附力：11kgf/2.5cm左右； （4）扯断强度在20MPa以上； （5）耐油性能：常温下浸泡于66号车用汽油或1号喷气燃料中1年，其伸长率和扯断强度基本无变化，增重百分率分别为4.54和2.37； （6）对油品污染性能：以实际卧式储罐车容量与涂层表面积之比，将涂层表面积扩大15倍，即取表面积为15cm^{2}的试片，在室温下分别浸泡于200mL的上述2种油中，1年后测定油品实际胶质含量均符合标准规定

6.4.5.2 修补程序和工艺

弹性聚氨酯涂料修复储罐按以下程序和工艺进行。

（1）腾空储罐、经清洗和通风换气达到入罐作业的安全卫生要求。

（2）清除钢板表面的油污、旧漆和浮锈，用二甲苯或醋酸乙酯擦拭干净。

（3）如罐底板局部锈蚀穿孔，用软金属堵塞孔洞，填入孔洞的软金属应凹于钢板表面。如孔洞较大时应粘贴加强钢板，加强钢板厚以1～2mm为宜，直径比修补的孔洞直径大40mm左右。其方法是除去钢板两面浮锈并用溶剂擦拭干净，将底层涂料涂刷于加强板的一面和被加强孔洞部位，放置30min左右涂料中溶剂基本挥发完后，将加强钢板贴于被加强孔洞部位并用力压实。

（4）涂刷第一道聚醚聚氨酯底层涂料。

（5）用弹性聚氨酯腻子填平焊缝、蚀坑、孔洞以及凹凸不平的部位，腻子需要刮抹平整。

（6）涂刷第二道聚醚聚氨酯底层涂料。

（7）修补罐底、焊缝、孔洞时，尚应涂刷过渡层涂料。

（8）涂刷弹性聚氨酯面层涂料2～4道。

（9）施工结束后，涂层经 20～30d 固化时间，储罐即可装油。

6.4.5.3 注意事项

（1）修补罐壁、焊缝、孔洞时，一般应间隔 8h 涂刷一道。修补罐底应在前道涂料基本凝固后才能涂刷下一道涂料，即踩踏涂层基本不粘脚为宜，约需 24h。

（2）面层涂料是耐油、防渗层，是修补质量的关键。涂刷应力求均匀，不漏刷、流挂。可灰、白两色涂料交替涂刷，防止漏刷。

（3）底层、面层涂料的易聚组分可以与水发生反应。因此，装预聚物的容器应封口存放。

（4）底层、面层涂料具有一定的有效使用时间。因此，每次配料量应根据施工时的气温、施工人员多少，做到现用现配，防止失效浪费。

（5）碱、胺、醇、水等能引起底、面层涂料胶凝，配制、涂刷时应严防混入。

（6）配料和涂刷使用的工具应及时清洗干净。

（7）涂料中的有机溶剂具有一定的刺激性和毒性，且易燃易爆，施工时应采取通风、人员防护、严禁火源的安全措施，照明设备必须使用隔爆型，且按 1 级爆炸危险场所选用。

6.4.5.4 弹性聚酯涂刷储罐施工用料、工时及工具参考表

弹性聚氨酯涂刷储罐的施工用料、工时、工具与各单位的施工条件、技术熟练程度及管理水平有关，现根据几个单位的实际数据综合分析，列出弹性聚氨酯涂料储罐施工用料、工时及工具数量，见表 6.6 至表 6.9，仅供参考。

表 6.6 每涂刷 $1000m^2$ 涂层所用材料

材料名称	数量（kg）	备注
弹性聚氨酯	1000	灰白色各半
MOCA	105	
环氧树脂	200	
乙酸乙酯	500	
K-54	3	修补金属罐不用水泥
乙二胺	20	
白灰黑	0.5	
滑石粉	5	
水泥	100～200	

表 6.7　4000m³ 卧式混凝土内涂弹性聚氨酯储罐施工工时参考表

工序名称	罐顶罐壁用时 （工日）	罐底用工时 （工日）	罐内总面积 （m²）	单位面积工时 （工日/m²）
施工准备	511			
混凝土表面处理	276	60		
涂刷底层	79	25		
刮腻子	574	7		
涂层面层	333	82		
处理伸缩缝	96	29		
配料	70	27		
辅助	150	31		
小计	2089	261		
合计	2350		2000	1.175

表 6.8　2000～3000m³ 混凝土内涂弹性聚氨酯储罐施工工具参考表

名称	单位	规格	数量	备注
刮腻子刀	把		10	
油漆刷	把		30	涂刷底、面层用
油漆桶	个	小圆桶	30	涂刷底、面层用
防爆灯	个	100～200W	6	照明用
钢丝刷	把		5	清理罐内表面
席子	张		10	铺罐底供蹬踩用
扫帚	把		10	清扫罐内用
擦布	kg		5	清理罐内表面用
棉纱头	kg		5	清理罐内表面用、擦手
干湿温度计	个		2	罐内外测温用
口罩	个		30	操作人员用
布袜子	双		30	操作人员用

表 6.9 涂料配制用具参考表

名称	单位	规格	数量	备注
磅秤	台	秤量 100kg	1	称料用
台秤	台	秤量 5kg	1	称料用
天平	架	最大秤 1000g，感量 1g	1	称料用
玻璃温度计	个	0～100℃	1	
油抽子	个		1	抽乙酸乙酯用
大缸	个		2	配料用
恒温水槽	个		1	加温用
水舀子	个		3	配料用
筛子	个	60 目	1	过滤弹性聚氨酯用
水桶	个		4	运送配制好的涂料
搅棒	根		4	配料用
棉纱	kg		2	擦洗工具用

6.4.6　用钢丝网混凝土（或水泥砂浆）修复储罐

混凝土和水泥砂浆，材料普通、来源广泛、施工简单、造价不高，用混凝土（或水泥砂浆）加钢丝网修复储罐也是一种行之有效的"土办法"。

6.4.6.1　钢丝网混凝土修复储罐的实例

青岛某油库一个容量为 1600m³ 储罐，在 1945 年底或 1946 年初，由美孚公司建造。钢板厚 3mm 左右，用螺栓连接，垫有耐油胶垫，罐底有海水垫层。1952 年储罐大修时改用焊接，用至 1958 年罐底锈蚀严重，麻点、锈坑、穿孔很多，无法使用亦难以用焊补修复，于是用 100mm 厚钢丝网碎石混凝土对罐底进行了修复，此后 20 多年，对罐底并没有再进行保养处理，但使用情况良好。1977 年，将储罐腾空清洗检查发现：混凝土表面光滑，未见腐蚀。

旅顺某油库有一个 1921 年建造的铆接钢板储罐。过去发现渗漏后就用铁堑碾缝修补，效果不佳。后来想用焊接修复，但因焊补时铆钉未除，焊接变形过大而拉裂储罐多处，渗漏严重而不能装油。1975 年在其罐底使用钢丝网碎石混凝土修复后，先后储存了柴油和燃料油，经十多年未发现问题，使用良好。

6.4.6.2　钢丝网混凝土（或水泥砂浆）修复储罐的适用范围

（1）修复储罐振动小的部位。
（2）修复储罐潮湿易腐的部位。

（3）钢板贴壁储罐的内表面和离空钢储罐的罐底用混凝土（水泥砂浆）修复最为适宜。

即使修复上述储罐及其振动小的部位，也应设法做些防振处理，使被修复的部位尽量固定不动。洞式储罐和护体隐蔽储罐的离空罐壁，在收发油时容易发生振动，不适于用混凝土修复。

6.4.6.3　钢丝网混凝土（或水泥砂浆）修复罐底的施工方法

（1）放空油料，机械通风，排除油气，清洗储罐。

（2）全面检查储罐内表面腐蚀、渗漏情况，做好记录，装入储罐的技术档案备查。对于待修的罐底焊缝，应逐条逐段用真空盒检漏，找出漏点。

（3）处理罐底基础，使基础消除振动。

对于无砂垫的混凝土基础，原来就不会上下往复振动，则可不做处理。

对于沥青砂弹性基础，就需进行处理。对变形上鼓，可以用脚踩的方法检查离空振动部位，然后在离空部位的中心开个 300mm 方形或圆形孔洞，由此孔洞填塞沥青砂于罐底，填满空鼓。但也不要填得太多，防止底板受力。

（4）用比开孔稍大一点的钢板，补焊在处理基础时割开的孔洞上，同时焊补罐底钢板漏点。焊补过的地方均应用真空盒检漏合格才行。

（5）清理罐底，除去浮锈，抹掉浮灰，然后刷一道浓白灰浆水或水泥浆水，作为打混凝土前的临时防腐层，否则罐底在打混凝土之前又会生锈，影响以后的防腐效果。

（6）按伸缩缝在罐底放线。伸缩缝是给混凝土热胀冷缩预留的位置，一般 2～3m 留一条 10～15mm 宽的缝即可。圆形罐底可如图 6.4 所示预留"米"字形伸缩缝，弧长大于 3m 时，可在两长缝中加短缝。长方形罐底可如图 6.5 所示预留方格网状伸缩缝。

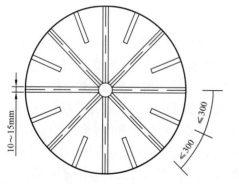

图 6.4　预留方格网状伸缩缝

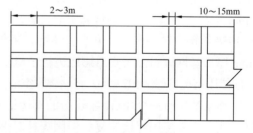

图 6.5　预留米字形伸缩缝

（7）布钢丝网、打混凝土。布置钢丝网、打混凝土应按画好的伸缩的线一块一块进行。并从距储罐人孔最远的地方开始，逐步向人孔退回。

钢丝网的规格不必严格，列方向的钢丝直径 1mm 以上，网间距 40～60mm 即可。钢丝网布在罐底应用小块石垫起，使钢丝网处在混凝土层中间。混凝土的配料拌和要严格掌握，这对施工质量影响较大。混凝土中的水泥应选用存期短、性能好，400 号以上普通硅酸盐水泥。混凝土中的砂子，选中粗砂，含泥量要少，并要用水冲洗。混凝土中的石子，选用粒径为 10～20mm 的碎石，且片状石要尽量少。

混凝土中的水量要掌握好，水灰比要适中，一般为 0.5，尤其水不能多。

混凝土按 200 号配制，其水泥：砂子：石头的比为 1：1.8：3.9。配好料后，搅拌要均匀。可以在罐外用机械搅拌，但运到罐内还应用人工搅拌后再倒在指定的部位，振捣抹平。振捣要尽量密实，抹平时第一掌握好混凝土设计厚度；第二掌握罐底排水排污坡向坡度。要用经纬仪测量，在罐壁上划出水平线然后用尺量，在罐壁划出罐底的坡度线来。

混凝土的厚度有 6～8cm 即可，太薄了不好施工，钢板和钢丝网的保护层也不够。但太厚了也没有必要，反而费料费工提高了造价。

（8）抹水泥初凝后即可撒少量水对其养护，等混凝土凝固即应抹水泥防渗层。其方法步骤如下：

① 对混凝土表面要用凿子或斧堑毛，并用竹刷或钢丝刷刷去浮生等松散物，用清水冲洗干净。

② 选料配料拌和水泥砂浆，防渗抹面层选料应更严格，除遵循前面所说混凝土的选料要求外，对砂粒径也应要求，既属中砂，但粒径又不得大于 3mm。水泥最好选用存期短的 500 号硅酸盐水泥，两种不同品种的水泥不得混用，因为混用水泥会造成抹面鼓裂。

水泥和砂的比例对防渗效果影响很大。水泥用量过多，硬化时收缩量大，容易产生裂纹。砂子用量过多，水泥无法填充全部砂子的空隙，防渗性就差。根据国内的试验经验，水泥和砂子的质量比以 1：2.5 为宜。水以水泥质量的 45%～55% 为合适。拌和时，应先将水泥和砂子干拌，然后加水湿拌 3～5 遍，拌得越匀越好。每次拌和量以 45min 用完为宜。

③在混凝土表面先刷水泥浆，然后再做水泥砂浆抹面，在两层抹面间，也要刷水泥净浆，这可以加强两层间的结合力。净浆中水泥和水配合的质量比为 1：（0.4～0.5）。要求边刷边搅拌，以免水泥沉底。

④抹水泥砂浆面层。水泥砂浆抹面，一般抹 3～5 遍，遍数不宜太多。因为水泥在凝结后出现体积减缩现象，越干收缩越大、抹面层数越多，内外层抹面的收缩量相差就越大，容易因内外干缩量不一致而引起离析现象。抹面的不宜太厚，过厚除浪费材料外还不易压实。一般每层厚度控制在 5mm 左右，3～5 遍总厚为 2～2.5cm 可满足防渗要求。

实践证明，防渗的效果好坏，不在于抹的层数和厚度，而在于抹面质量和保温程序的好坏，所以一定要掌握好操作方法。抹面时一定要用力向一个方向抹压密实并把砂浆内的空气赶走，不能来回抹，这样容易产生气泡（如发现有气泡，要及时捅破，然后压实）。待抹面初凝后（看到表面不发光亮），即可用铁抹子分几次抹压，要注意每次抹压时用力不要太大，不要在一处来回过多地压，以免起皮。抹压完后，还要用木抹压成麻面，以便和第二遍抹面结合。等每遍抹面用手轻压有硬的感觉、用力压出现指印时，就可以抹第二遍了。第二遍及以后几遍的操作方法同第一遍，只在最后一遍不再用木抹压成麻面，而是用毛刷扫毛，以利于与涂料结合（如果表面不再涂涂料，则不能扫毛）。

（9）继续养护混凝土和水泥防渗层，这是保证混凝土质量的重要一环。在水泥防渗层初凝以后，就在其表面撒少量水进行保养。等彻底凝固后，可以进罐内在其混凝土表面盖草垫洒水养护。养护时间一般不少于 14d，最好养护 28d 以上。布钢丝网、打混凝土、养护、做防渗层等几道工序是有机的联系，不能间隔时间长，要一块一块的连续进行，否则会影响施工质量。可以按伸缩缝分区同时施工几块，几道工序顺次穿插进行。

（10）检查修补水泥防渗层表面。在洒水养护的同时，尚应随时检查观察水泥防渗层表面的整体性、密实度。发现原来施工缺陷或凝固过程中的裂纹，须及时用水泥浆修补。质量很差的要将整片伸缩缝区域内的防渗层全部打掉，重新做水泥防渗层。

（11）填充伸缩缝。伸缩缝内应填充耐腐、防渗、与钢板粘贴力强的柔性材料。选用丁腈橡胶的混炼胶浆，或选用弹性聚氨酯涂料等都可以，可按油库购料情况和习惯用料选用。

（12）刷水泥—帝畏清漆耐油涂料。水泥—帝畏清漆，可以与水泥抹面牢固结合，较好地联合起来进行防渗。水泥—帝畏清漆对抹面又有保护作用，防止水泥抹面内水分较快蒸发，减少抹面干缩，增强抹面的抗渗能力，同时水泥—帝畏清漆本身是耐油、耐水的防渗涂料，因此水泥抹面上再涂这种耐油涂料大有好处。当然储罐本身若没有渗漏，如果混凝土或水泥砂浆的目的主要是钢板防腐，这种情况可以不再加涂水泥和帝畏清漆。这种涂料是水泥—帝畏清漆两种材料配制而成的，两者的质量比为 1 :（0.5~0.8）。配制时，将水泥—帝畏漆徐徐倒入水泥中，进行充分地搅拌。漆的用量可以根据它本身稀稠程度而作适当调整，直到便于涂刷为准。每次拌和量以在 20~30min 内用完为宜。涂刷时，如抹面上有水点，应用干布擦干。涂刷涂料要薄而匀。刷完第一遍后到不粘手时就可以开始刷第二遍，这样连续刷四遍。每两遍的间隔时间不要太长，以免积聚较多冷凝水，影响粘贴质量。

因为水泥—帝畏清漆中含有易燃、易爆、有毒的成分，所以在涂刷施工中要注意安全，注意防毒、防火。罐内要加强通风，进罐操作人员要戴上装有二号活性炭的防毒口罩。出汗时不要进罐操作，皮肤也不要直接接触涂料。每次操作时间不要过长，隔20~30min 就要出罐休息一次。作业完毕要洗澡。

近几年来，混凝土表面的防渗材料有不少新产品，选用时可根据当地的货源情况、使用实践酌情考虑。

6.4.7　应急堵漏的方法

当储罐、油管出现渗漏，一时又无动火和不动火修补条件，可采用应急方法堵漏。如用凿子挤压封堵轻微渗漏的小裂纹、小砂眼；用软金属填补砂眼；用管卡或管箍垫耐油橡胶胶片封堵油管漏油；甚至还可用橡胶片拉紧缠绕油管然后用铁丝扎堵漏。这些临时性堵漏方法，可减少或防止油品漏损，可为储罐、油管渗漏的修补创造条件、争取时间。如位于边缘山区的油库，或者战争、抢险救灾等特殊条件下，应急堵漏方法的应用尤为重要。所以，注意研究总结应急补漏方法，制作准备一些堵漏简便器材，以满足油库安全检修需要是值得注意的问题。

近几年已有应急堵漏的科研成果，并逐步定型装备油库。

6.5　金属储罐的变形整修

6.5.1　金属储罐变形的原因

（1）施工质量低劣引发变形。

储罐施工完成后出现变形是由于组装及施工质量低劣，钢板规格及厚度使用不当，钢板之间相互位置不对、组装时预留的焊缝的变形余量不足或因钢板在运输中出现了残余变形，而组装时又没有校正所致。

（2）焊接工艺不符合技术要求引发变形。

储罐在焊接过程中引发的变形，多是由于焊接电流、焊接速度和焊接顺序没有按照正确的焊接工艺进行，焊接后储罐出现鼓泡或凹陷。

（3）充水试验操作不当引发变形。

充水试验过程中，储罐体上出现的鼓泡或凹陷变形，多是由于钢板材质搞错或刚度不够、充水过急或超高、排水速度过快、储罐基础局部下沉等原因造成。

（4）运行中的储罐出现故障或操作不当引发变形。

储罐在运行过程中产生的变形多是由于操作失误、进出油温差太大、收发油速度过快、储罐进出油管线变形、基础沉降不一致、储罐附件（如呼吸阀、呼吸气管路）失灵或堵塞、气温急剧下降（如暴雨）等原因造成事故性储罐变形。

储罐的变形一般是以一种原因为主，多种原因促成，应认真调查、仔细观察，找出引发变形的原因。如果是操作失误引发的变形，还应耐心地做好当事人的工作，让失误者把真实情况讲出来，以便"对症下药"。

6.5.2　金属储罐变形整修方法

金属储罐整修方法主要有更换钢板法、切割重焊法、机械（人工）整形法、角钢（槽钢、钢板条）加固法、垫水注水（充气）加压整形法等。储罐整形时，应根据变形原因、变形部位、材质情况的不同，选用不同的方法。

（1）由于储罐在组装时采用了不合乎设计要求的钢板，使储罐的某一部位产生变形时，应更换不合格的钢板。对于更换组装在底板上的钢板，不平整的可用多辊整形机滚压平整；如没有整形机，用人工平整时，切忌使用金属大锤敲击。

（2）由于没有严格按焊接工艺施焊，使罐体某部位出现了变形时，把变形处的焊缝切割开，变形消除后按正确的焊接工艺重新施焊。如果是变形严重无法校整的或者处理后又产生了塑性变形的，应更换新钢板。由于储罐在局部进行焊补时，最容易引起钢板的变形。在焊补前，焊工要进行严格考核；在施焊时，焊件的位置及尺寸应调整到利于焊接的程度，其间隙的大小应适中。

（3）若储罐壁板出现局部凹陷或鼓泡应设法拉出（注意观察水数变形处有无裂纹），并在凹陷或鼓泡复原处加焊一根水平角钢或钢板条，采用100～300mm的间断焊。角钢或钢板条的圆弧应与罐体外侧相吻合，其长度每边应超出原凹陷尺寸 200～300mm。

（4）若是因为储罐附件失灵而引起罐体变形，除对变形整修外，还要对失灵的附件进行检修、校正或更换。对于山洞内储罐因为油气管道冻结、堵塞而导致储罐变形时，应先疏通油道，再进行油整形。

（5）若是因为储罐中部基础下沉，引起底板上大面积变形时，应把鼓泡成回陷处的焊缝割开，用沥青砂回填下沉部分整平夯实，再按焊接工艺要求进行焊补。对无法校整的钢板，应更换新钢板。采用搭接焊把新旧板材连接起来，并注意焊接顺序。

（6）如果储罐的圈梁基础局部下沉或倾斜，并导致罐体变形，应用千斤顶或其他方法把储罐底部顶起或吊起，对局部下沉的基础进行加固处理，然后再对罐体变形进行修整。当储罐基础不均匀沉降下沉较严重引发变形时，应采用位移法将储罐进行移位，基础修整后再使储罐复位、整修。

6.5.3　金属储罐变形整修案例

6.5.3.1　储罐壁板变形整修

储罐壁板变形应根据受力和变形情况进行整修，属于塑性变形的应采用换板整修，属于弹性变形的可采用加固或加压整修。

（1）换板和加固整修。

某油库有几座 2000m³ 储罐组装之后，在充水实验过程中罐壁板第 4 圈至第 8 圈，厚 4.5mm 的钢板同时出现多处"地垅"似的鼓泡（也叫平行褶皱），鼓泡高达 65mm，长达 5m 多，其位置与环形横向焊缝平行（图 6.6）。

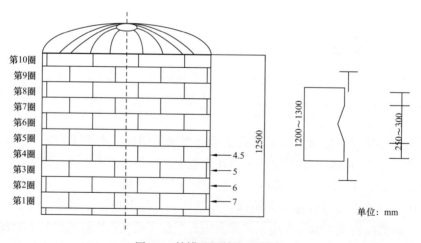

图 6.6　储罐壁板鼓泡示意图

检查观察第四圈至第六圈的褶皱处，可见清晰的塑性变形标志，取试件进行化验，鼓泡钢板全是次品钢板，几个主要元素都不符合钢 A3 标准的技术要求。对塑性变形的几圈钢板进行了换板整修；对于罐壁上部轻微变形的部位，采用钢板带（也可用角钢）加固的方法进行了修整。

（2）加压整修。

某油库 2000m³ 的山洞内轻质储罐装油一年多，由于阀门渗漏，加之操作失误，在往另一座储罐内倒油时，造成罐内过大真空，结果从储罐第 1 圈的下半部开始至第 4 圈（由上往下数），出现几乎是对称的大面积变形，凹陷最深达 1.2m，长度 6m，在变形最深处有 3 道小裂纹。经仔细检查分析受力状况，变形部位属于弹性变形（图 6.7）。

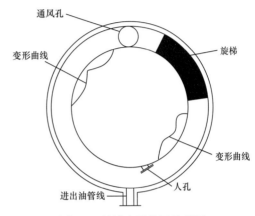

图 6.7　储罐变形位置示意图

根据对储罐的检查分析，采取罐内注水加压的修整方案，加压到 3kPa 时，罐体出现"啪、啪"响声；采用稳压法 10min 后，罐壁上的凹陷部位有向外鼓的趋势，没有发现异常情况；继续升压至 4.5kPa 时，罐壁凹陷变形基本复原；对裂纹部位用钢板带进行了加固处理。

6.5.3.2　储罐顶板垫水充气加压整修

所谓注水充气加压就是先将储罐注入一定高度的水，然后将储罐密封，再向罐内充气压缩罐内气体空间，使其压力增大，促使变形罐顶 复原的方法。

某油库在山洞内的 2 号拱顶汽储罐（公称容量 1000m³，安全高度为 9.187m，安全容量为 1035.476m³）在输出油品的过程中，因呼吸阀堵塞，在负压作用下，导致储罐顶板多处严重吸瘪下陷，下凹面积之和约占顶板总面积的 1/2，最深处 0.5m 多，计量口倾斜 30°（图 6.8）。

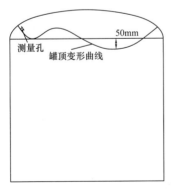

图 6.8　2 号储罐瘪陷示意图

经检查分析，采用罐内垫水充气加压的方案整修。

储罐注水可利用高位水池自流，注水采用分次逐步注入，每次进水高度 2m，间隔 10min 进行检查；注水高度为 6.62m，容量为 747.604m³，总占容量的 72.2%。

注水后，启动空气压缩机向罐内充气加压，当罐内压力达到 0.72kPa 时，发出第 1 次响声，罐顶开始上升；当发出第 7 次响声时，罐内压力为 0.73kPa，罐顶变形基本复原，具体情况见表 6.10。

表 6.10　向罐内充气加压观察记录

序号	时间	气压（kPa）	声音	说明
1	14:08	0		检修后重新送气
2	14:20	0.20		继续送气
3	14:25	0.72		微开调节阀
4	14:28	0.72	第 1 响	声音不大，稳压观察，罐顶开始上升
5	14:29	0.72	第 2 响	声音不大，稳压观察
6	14:30	0		停气泵，上罐检查，发现的小面积凹进部位已复原，计量口有回复，其他正常
7	14:33	0.10		继续开泵送气
8	14:35	0.71	第 3 响	继续开泵送气
9	14:37	0.72		声音较大，稳压观察
10	14:38	0		停泵，上罐检查，计量口基本复原
11	14:43	0.40		继续开泵送气
12	14:45	0.72		继续开泵送气
13	14:46	0.72	第 4 响	声音不大，稳压观察
14	14:47	0.73		微开调节阀，稳压观察
15	14:48	0.75	第 5 响	声音不大，稳压观察
16	14:49	0.40	第 6 响	降压，上罐顶检查后，继续进气
17	14:53	0.72		继续送气
18	14:54	0.73	第 7 响	声音较大，基本复原
19	14:56	0		停泵，上罐检查，计量口复原
20	14:59	0	响 5 声，4 声连续	上储罐全面检查，其余 3 处已经复原，余下计量口旁有一处条形凹陷，面积约 3m²，但深度不大，未发现重新回瘪现象

某油库新扩建的一座 1000m³ 拱顶储罐，在首次发油过程中，因机械呼吸阀失灵（有锈蚀和冰冻现象，阀杆上下滑动不灵活），也没有安装液压安全阀，发生了储罐顶部吸瘪事故。

储罐为地面立式拱顶钢储罐，直径为 12.031m，罐壁高度 9.52m，球顶半径 14.4m，球顶矢高 1.302m，顶部钢板厚度为 4mm。

储罐顶部吸瘪下降弯曲呈月牙状（图 6.9），凹陷位最大长度 A 为 11.8m，最大宽度 D 为 6.4m，最大深度 H 为 1.23m，透光孔倾斜约 36°，罐壁、罐底完好。

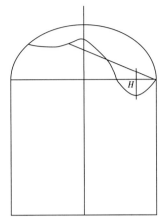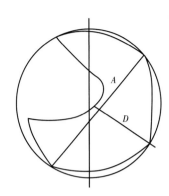

图 6.9　吸瘪储罐形状示意图

采取垫水充气加压法整形。罐内注水高度为 4.225m。空压机距离储罐 10m，流量为 8m³/min，气源储量 30m³，供气压力为 0.4～0.5MPa。

注水封罐后，于 11:00 开始送气，12:43 罐内充气压力达 7.07kPa，第一次充气加压结束，罐顶基本复原；为进一步复原并消除变形部位的内应力，于 15:40 至 17:26 进行了第二次充气加压，当罐内充气压力达 9.52kPa 时，瘪罐顶恢复原状，第二次充气加压结束。在经过 2h 的稳压后再卸压，罐底板翘起基本复原。充气加压观察记录见表 6.11。

表 6.11　充气加压观察记录

项目	时间	气温（℃）	压力（kPa）	储罐变化情况
第一次充气加压	10:48	28.8		第一次开始充气加压
	11:00	34.2	2.31	中心凹处逐步上升
	11:35	36.5	2.72	发出类似爆炸的声响，突然上升约 100cm
	11:37	36.5	1.08	罐底板边缘翘起复原
	12:02	42.0	2.99	开始急剧上升，2min 后停止
	12:19	43.5	4.63	前后 3 次振响，东南基本复原
	12:43	44.5	7.07	稳步上升，罐底板边缘翘起 50mm，除西南 500cm 外，基本复原
第二次开始充气加压	15:40	41.8	7.21	声响很大，西南鼓起，正南复原
	16:30	41.0	6.53	稳步上升
	17:05	34.5	8.57	罐底板翘起 78～102cm
	17:23	343.3	8.84	罐顶全部复原
	17:26	34.8	9.52	稳压无变化，罐底无变化，罐底边缘翘起 89～115cm

6.5.3.3　垫水注水加压整修储罐顶板

注水充气加压就是先将储罐注入一定高度的水，然后将储罐密封，再向罐内缓慢注水压缩罐内气体空间，使其压力增大，促使变形罐顶复原的方法。

由于违章操作，某油库一座 2000m³ 洞内立式拱顶储罐顶部严重吸瘪。在检查分析的基础上，制定了注水加压整修方案。

储罐直径 14.3m，高度 15.01m，公称容量 2000m³，实际容量 2082m³，安全容量 1687m³，储罐顶板有 24 块扇形钢板组成，表面积 167.78m³，凹陷面积 153.8m²，占 92%，仅有靠近人梯部位两块扇形板变形不大，整个罐顶歪斜 67cm，在测量孔处储罐顶的加强圈翘起长度 11m，最高 2.9cm，其变化情况如图 6.10 所示。

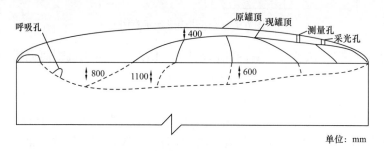

图 6.10　吸瘪储罐顶板变形示意图

注水至设计高度后关闭阀门，再次检查注水加压设备安装是否正确，确认无误后，密闭储罐注水加压。当罐内压力达 0.98kPa 时，罐顶开始上升，加压至 9.81kPa 时，瘪陷部分复原。但由于卸压排水速度过快，储罐再次吸瘪，又进行了第二次注水加压整修，其注水加压数据见表 6.12。

表 6.12　注水加压数据表

注水次	第一次		第二次	
	罐内压力（kPa）	罐顶变化	罐内压力（kPa）	罐顶变化
1	无变化	无变化	无变化	无变化
2	0.98	罐顶开始回弹，一块钢板开始上鼓	1.67	罐顶变形部位开始回弹
3	2.94	数块钢板开始上鼓	2.94	罐顶变形部位数块钢板回弹
4	5.39	一块钢板回弹	3.43	罐顶变形部位数块钢板回弹
5	5.88	一块钢板回弹	4.41	罐顶变形部位数块钢板回弹
6	6.87	一块钢板回弹	10.59	罐顶变形部位基本复原，保压3h，缓慢卸压，罐顶再未瘪陷
7	7.85	一块钢板回弹		

续表

注水次	第一次		第二次	
	罐内压力（kPa）	罐顶变化	罐内压力（kPa）	罐顶变化
8	7.85	一块钢板回弹		
9	7.85	一块钢板回弹		
10	8.83	一块钢板回弹		
11	8.83	瘪陷部位全部回弹，罐顶基本复原		
12	9.81	罐顶复原		

上述几例整修储罐，投入运行至今 5～30 年，未出现任何问题，储罐技术状态和运行良好。

6.5.3.4 金属储罐吸瘪加压整修程序及注意事项

在役油库储罐吸瘪的情况常有发生，属于油库多发性业务事故，根据多年来对变形储罐整修的体验和上述储罐变形整修情况，将整修程序和注意事项归纳如下：

（1）吸瘪储罐加压整修方案。

吸瘪储罐加压整修方案一般应包括以下 5 方面内容。

① 吸瘪储罐简述。包括时间点、发生过程、技术数据、瘪陷状况等。

② 组织机构。包括整修领导、人员分工、职责要求等。

③ 整修方法。包括方法选择、水源及注水方法、工艺流程示意图等。

④ 整修程序。包括准备工作、罐内注水、注水（充气）加压、检查整修、竣工验收等。

⑤ 注意事项。

（2）垫水注水加压整形法。

垫水注水加压整形法的程序是准备工作→罐内注水→注水加压→检查整修→竣工验收。

① 准备工作。

准备工作包括组织计划、设备器材、储罐清洗、设备安装、现场清理等内容。组织计划主要是明确组织领导、人员分工整形的方法和步骤、工艺技术要求以及应采用的安全措施等；储罐清洗应达到安全卫生的要求；设备安装是按照工艺技术要求将注水设备、输水管路、测控仪表等准备就序并安装就位（图 6.11）；现场清理是清除不必要的物资器材，保证现场无危险品，道路畅通。洞库储罐整修时，检测设备可利用呼吸系统的读取加压数据（注水加压时，应将管道式呼吸阀、旁通阀用法兰盲板封堵）。

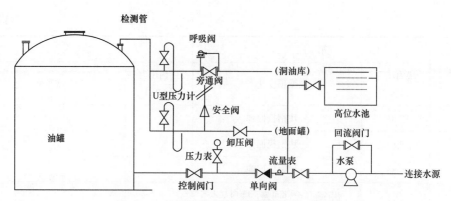

图 6.11　垫水加压整修吸瘪储罐工艺示意图

② 罐内注水。

检查储罐垫水注水整形工艺系统无误后，启动注水泵（或打开高位水池阀门）向罐内注水。注水过程中，必须保证储罐排气畅通，注水量为安全高度的 70% 左右；注水中应注意检查储罐有无渗漏或异常变化，如有问题应根据具体情况，采取相应措施。

③ 注水加压。

密封储罐与大气连通的所有孔洞，使罐内形成密闭空间。启动注水泵（或打开高位水池阀门）向罐内注水，压缩空间气体增压。注水速度应缓慢，流量控制在 $1 \sim 2m^3/min$，以便控制罐内升压速度，逐渐消除变形部分的内应力，促其复原。每次发出声响后，应关闭加压水管控制阀，开大回流阀，稳压 $5 \sim 10min$，并检查复原情况。然后再打开加压水管控制阀注水，并调整回流阀，发出声响后再停止注水加压，稳压检查。反复进行加压→声响→稳压工序，至储罐恢复原状。

储罐复原后应稳压 $6 \sim 12h$，以进一步消除变形部分的内应力，促其稳定。在稳压过程中，还可用木槌敲击变形部位边缘，特别是褶皱部位应反复敲击，以加速内应力的消除。与此同时应进行全面检查，尤应注意焊缝、褶皱部位有无渗漏。经稳压检查后再排气卸压。卸压应缓慢，以防卸压过快再次吸瘪。

④ 检查整修。

在注水加压整形过程中检查的基础上，认真检查储罐各部连接、褶皱、焊缝有无变形、裂纹、脱漆等。并根据具体情况加以校正、更换、补焊、加固，使其处于完好状态。

⑤ 竣工验收。

拆除注水加压整形时安装的工艺设备及封堵盲板，安装储罐附件，接通油管，恢复接地系统，清理现场，整理技术资料，会同有关单位和人员检查验收，填写竣工验收报告，将技术资料移交归档。

（3）垫水充气加压整形法。

垫水充气加压整形法与垫水注水加压整形法的程序基本相同。所不同的是将注水加压系统变为压缩空气加压系统（图 6.12）。

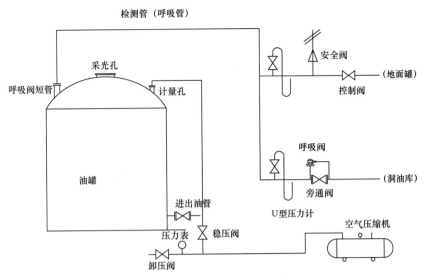

图 6.12 垫水充气整修工艺示意图

① 充气加压整形有 3 种不同情况：一是储罐内垫水充气加压整形，即注水至储罐安全高度的 70% 左右，送压缩空气进入储罐，使罐内气体空间增压整形；二是罐内不加水垫层，直接送压缩空气入罐增压整形；三是气压加人工整形，即人带木锤进入储罐，然后密封将压缩空气送入罐增压，利用气压及人工敲击修复罐底鼓包和储罐下部壁板缺陷（其根据是"高压氧舱"病员要承受 11.7kPa 的压力，而储罐整形压力一般低于 7kPa，最大不超过 10kPa）。

② 气压整形的 3 种情况：罐内加垫水充气加压整形比较安全，实际中应用较多；直接送气增压整形安全性较差，实际中应用极少；气压加人工整形，适用于罐底鼓包，储罐下部壁板内陷的特定条件（此法虽有的油库做过试验且取得了成功，但其安全性相对来说较差）。

③ 垫水充气压整形同垫水注水加压整形一样，整形过程也应执行加压→声响→稳压程序，并在储罐复原后也有稳压的要求。

6.5.3.5 注意事项

（1）被整形储罐的隔离、清洗必须按动火作业进行，罐内和现场应达到动火作业的安全卫生要求。

（2）一般不允许用输油管注水加压。因为输油管内或多或少有残留油品和油气，会随水进入储罐，形成不安全因素，影响储罐整形安全。

（3）加压整形时，一定要控制罐内压力上升速度，绝不能过快。升压速度通常应控制在 500～1000min 且应逐渐减慢上升速度。注水加压和充气加压时罐顶禁止站人。

（4）加压整形过程中，必须升压、稳压相间，不准发生声响后继续加压，以防发生突变造成事故。

（5）整形过程中必须有专人观察，将时间、压力、温度以及罐底、罐顶、罐壁等有关参数和变化情况详细记录，发现异常应立即停止加压，并采取措施。

（6）凡是经整形的储罐附件、连接短管、修焊部位应进行严密性试验。

（7）气压加人工整形时，罐内照明应符合罐内作业的要求规定罐内外联系的信号和方法；罐内人员应有防护（主要是噪声）；储罐下部人孔的连接应采用快速安装拆卸方法等安全措施。

（8）整形结束排水时，必须控制好流速，以防罐内出现负压再次吸瘪。最好的预防办法是先打开罐顶采光孔，然后再排水。

（9）加压整形中下都会出现罐底翘起现象，正常情况下，卸压后或经过一段时间则可自行复原。如果出现不复原的情况，可用高标号水泥浆填塞的方法处理。

（10）加压整形油的最大压力一般应控制在 10.0kPa 以下。从罐内加压整形的实践看，大多在 8.0kPa 以下就可复原，超过 10.0kPa 情况极少。

7 储罐的沉降

储罐的沉降往往是储罐的地基沉降所导致的储罐整体或局部沉降。储罐地基的沉降包括罐周沉降和底板沉降。罐周沉降分为整体均匀沉降、平面倾斜沉降和罐周不均匀沉降；底板的沉降分为底板的局部沉降和碟形沉降。整体均匀沉降的影响一般很小，危害程度较小，但是过大的均匀沉降会破坏储罐的连接构件，影响储罐的正常工作。平面倾斜沉降一般只引起刚体的旋转位移，而罐周和地基仍保持原有的几何形状，同时改变了液面的整体形状，可引起罐壁的附加应力。罐周不均匀沉降的沉降量一般小于前两种沉降，但是对储罐的破坏却最严重，会引起壳体的径向变形以及罐壁与底板的角焊缝和罐底边缘板应力增大，从而导致罐壁与底板连接的焊缝被撕裂。

7.1 地基沉降允许值

储罐的基础破坏往往是因为储罐基础产生了沉降，在 GB 50128—2014《立式圆筒形钢制焊接储罐施工与验收规范》中，基础不均匀沉降不超过基础的 1.5‰，最大基础沉降量不超过 40mm 为合格；GB 50473—2008《钢制储罐地基基础设计规范》中规定，允许不均匀沉降量为 8‰；国外相关规定大型浮顶储罐安全运行值不超过 2.2‰，沉降是指罐周边两点之间沉降差与该两点之间管周边弧长之比值，支撑罐壁的基础部分不应发生沉降突变，岩罐壁圆周方向任意 10m 弧长内的沉降值不应大于 25mm（表 7.1）。

表 7.1　储罐基础径向沉降差允许值

外浮顶罐与内浮顶罐		固定顶罐	
罐内径 D_t（m）	任意直径方向最终沉降差允许值（m）	罐内径 D_t（m）	任意直径方向最终沉降差允许值（m）
≤22	$0.007D_t$	≤20	$0.015D_t$
（22，30]	$0.006D_t$	（22，30]	$0.010D_t$
（30，40]	$0.005D_t$	（30，40]	$0.009D_t$
（40，60]	$0.004D_t$	（40，60]	$0.008D_t$
（60，80]	$0.003D_t$	（60，80]	$0.007D_t$
>80	$0.0025D_t$	>80	$<0.007D_t$

7.2 储罐基础沉降检测与评定

7.2.1 基础沉降测量

新建储罐投产后三年内，每年应对基础检测一次，以后至少每隔三年检测一次。在储罐运行过程中，发现储罐有异常现象时，应立即对其进行检测。

7.2.1.1 基顶标高检测

在储罐底板外侧有基础顶面（距罐壁 150mm）沿环向均匀布置永久性测点（图 7.1），测点间距有环墙时，不宜大于 10m，无环墙时不宜大于 3m，且储罐直径 $D \geqslant 22m$ 时，不少于 8 点；$D \geqslant 60m$ 时，不少于 24 点。测量各点及相邻场地和标高，计算各点与相邻场地地面之间的高差、相邻测点之间的高差、同一直径上两侧点之间的高差。各高差值应符合下述要求。

（1）各测点与其相邻场地地面之间的高差不小于 300mm。

（2）两侧点之间的高差，有环梁时每 10m 弧长内任意两点的高差不得大于 12mm；无环梁时，每 3m 弧长内任意两点之间的高差不得大于 12mm。

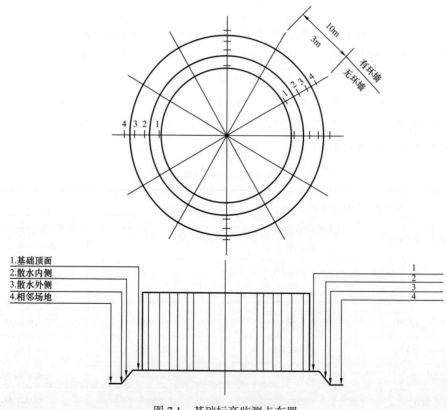

图 7.1 基础标高监测点布置

7.2.1.2　基础周围的散水（含护坡）表面标高的检测和评定

在与基础顶面测点相同的方位上，在散水与场地相接处（下称散水外侧）及散水与环墙（或罐底环板）相接处（下称散水内侧）布置测点，测量各点标高，计算散水内外两侧两测点之间的高差、外测点之间的高差。各高差值应符合下述要求。

（1）散水内外两测点之间的高差不小于 50mm。

（2）散水外测点与相邻场地地面之间的高差不小于 0mm。

7.2.2　罐区场地排水情况的检测与评定

（1）罐区场地地面应保持原设计所要求的竖向标高，且无局部凸起或凹坑，以便于排除雨水。标高的测定方法：在与基础顶面测点相同的方位上，在与散水相接的场地地面及防火堤内每 500m² 左右的面积上布置测点，测量各点的标高。各点的实际标高与原设计总平面图的标高差应在 ±50mm 以内。

（2）防火堤内外的排水沟无阻碍，防火堤上的排水阀门开启灵活可靠。

7.2.3　储罐基础构造的检测与评定

储罐基础的构造，凡存在以下情况之一，均属不符合安全性要求，应予以修理。

（1）护坡基础的护坡龟裂、酥碎、坡度小于 1%，或罐底边缘板已被护坡覆盖者。

（2）钢筋混凝土环墙断裂、劈裂。龟裂、酥碎或钢筋外露者。

（3）钢筋混凝土环墙基础或护坡基础未设排水孔（泄漏检查孔），或排水孔已沉入地下（散水坡或场地地面以下）者。

（4）基础顶面局部或全面凹陷，致使底板发生凹陷、空鼓或罐壁正下方的边缘板局部悬空者。

7.2.4　储罐基础修理注意事项

（1）经检测评定，凡不符合要求的储罐基础均应进行修理。

（2）储罐基础的修理设计应与罐体修理统一考虑，协调进行，避免技术措施不力造成罐体或储罐基础新的损伤或破坏。

（3）储罐基础进行修理时，各分项工程的施工应按照有关标准规定进行。

（4）罐底边缘板的外伸部分应采取可靠的防水保护措施，环墙上表面由边缘板外缘向外宜做成不大于 5° 的排水坡度。

7.3　基础检修的条件

（1）向罐底灌水，并在边缘板和中幅板各设 8 个测量点，测量罐底至水面的高度，并做好记号。当发现储罐底板面积为 2m² 以上，高度超过 150mm 的隆起时，应进行基础局部检修。

（2）在新储罐投入使用的前5年里，每年应进行罐底外形轮廓的水准测量，对容量大于1000m³的在役储罐，每3～5年进行的罐底外形轮廓的水准测量。测量时，以储罐底外边缘板或第一层壁板顶端为基准，间隔距离不小于6m设检测点（每罐不小于8个），用水准仪测量，间隔6m两点间的允许偏差超过下表所列数值时，应进行基础检修（表7.2）。

表7.2　罐底外形轮廓的水平状况允许偏差值

容积（m³）	储罐未装时（mm）		储罐装满油时（mm）		检测周期	
	间隔6m两点间偏差	任何两点间偏差	间隔6m两点间偏差	任何两点间偏差		
<700	±10	±25	±20	±40	投入使用后5年每年一次	5年后必要时
700～1000	±15	±40	±30	±60		
2000～5000	±20	±50	±30	±80		5年后每年一次
10000～20000	±10	±50	±30	±80		

注：已长期使用的2000～10000m³储罐，两个临近点偏差不得超过±60mm；在直径相对的点上，不超过100mm；700～1000m³的储罐，则分别不超过45mm和75mm。但经过数年检测已经稳定的直径相对的偏差值150mm之内的储罐基础，仍可继续使用。

（3）由于基础不均匀沉降，导致使用中储罐罐体铅锤允许偏差超过设计高度的1%（最大限度90mm）时，应进行基础检修。

7.4　基础检修技术规定和其他检修方法

（1）基础检修之前，应根据水准测量数据，画出罐底变形断面图，作为指导储罐检修的依据。

（2）基础2m²以上面积进行局部检修时，在底板上切开直径为200～250mm的孔口，用掺加油沥青的砂子填入、填平、夯实。其补焊的钢板厚度应与原钢板相同或稍大，直径应大于切开孔口直径100mm以上。

（3）在距罐底0.4m处每隔2.5m焊上一个长1.5～2m的环形刚性加固梁（断续焊缝每段长150mm），在加固梁下安装一个起重量为15～20t的千斤顶，将储罐顶升至下沉量10～20mm的高度。然后填入沥青砂或重油拌合的砂子（粒度为2～5mm）仔细压实，落下储罐，拆除加固梁。

（4）储罐具有一定高度和自重的情况下，可以采取用钢管插入其基础的砂垫层中，用冲水方法抽出部分砂子，以降低倾斜高度。

（5）当基础下沉量很大时，则应增强基础的承受力，主要方法。

①浸润土壤并夯实的方法。

②用化学方法加强土壤。

③构筑钢筋混凝土圈梁。

（6）检修后的储罐必须进行水压实验，并在实验前后分别对罐底进行水准测量，其偏差应不大于表 7.2。

（7）整理并保存有关测量记录等技术资料。

7.5 储罐倾斜的校正和修复

尽管储罐在投产前要求做到罐壁垂直，但在充水预压或生产操作过程中，可能发生水平或垂直方向偏差，无论在哪一个方向倾斜超过了允许值，都应对储罐倾斜进行校正。常用校正储罐倾斜的方法有以下几种。

7.5.1 顶升法

用顶升法校正储罐基础倾斜有下列四种四种顶升形式（图 7.2），根据不同情况选择使用的方法。

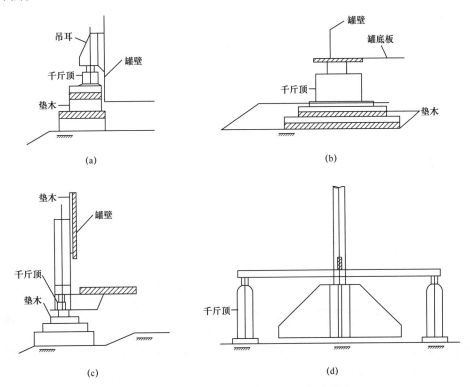

图 7.2 顶升法校正储罐倾斜的四种顶升形式

按照方案设计用数个千斤顶将储罐整体顶起，然后加固修平基础，在将罐体放到基础上。上海金山某石化总厂 124# 储罐就是采用这种方案进行修正的，效果较好。当储罐直径很大，罐底板很薄（$d=4\sim6$mm）时，将产生较大挠度。把罐底全部顶起，施工难度较大，应采取相应措施，见表 7.3。

表 7.3　顶升法校正的类型和技术要求

	校正方法与程序	基础型式	沉降形状	储罐容积	修整范围	罐体修整内容
整体校正	方案设计与准备防空清洗储罐、储罐补强、安装吊耳、吊起储罐、修整地基、将储罐放回基础	适用于各种型式基础	基础整体沉降后的校正	没有特别限制	全面整修基础	根据方案补强储罐，1000m³ 以下储罐可不补强
局部校正	方案设计与准备、防空清洗储罐、储罐补强、安装吊耳、根据修整规模吊起底板、局部整修基础、将吊起部分放回	适用于各种型式基础	基础局部沉降	没有特别限制	基础、罐壁、底板变形比较显著的部分	根据方案补强储罐，1000m³ 以下储罐可不补强
更换储罐底板	方案设计与准备、放空清洗储罐、储罐补强、安装吊耳、局部或全部吊起储罐、根据方案拆掉储罐顶板或支柱、局部或全部拆掉底板、整修基础、局部或全部更换底板，安装顶板或支柱，将储罐放回基础，焊接丁字焊缝	适用于各种型式基础	底板整体或局部沉降时的校正	没有特别限制	局部或全部修整基础	根据修整的规模，必要时将罐顶或支柱拆掉。罐壁板也有不均匀沉降时，可提升起来修整

7.5.2　吹入法

由于储罐基础不均匀沉降，使储罐底板边缘沉降，可采用吹入法校正储罐周边不均匀沉降，施工要点如图 7.3 所示。

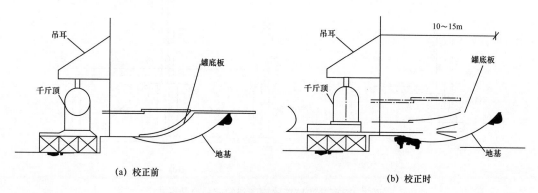

图 7.3　吹入法校正罐周边不均匀沉降要点

7.5.3　气垫船法

目前国外开始采用这种方法。此法属于位移法的一种，其特点是将气垫船像围裙一样套箍在储罐外壁下部，在围裙内送进压缩空气，使储罐浮升起来，无须费力即可将储罐移位。一台 10000~30000m³ 的储罐，如果用方法移位校正，需要 30~45d，用气垫船法只要 2~3d 就可以完成。这是一种十分有效又迅速的校正方法。

7.5.4 半圆周挖沟法

根据工程的特点，利用储罐环形基础刚性比较好的条件，采用半圆周挖沟法校正储罐整体倾斜可取得较好效果。这种方法的要点是根据储罐基础下土质情况和罐体倾斜方向来决定挖沟的位置、长度和深度，再辅以抽水进行倾斜校正。

7.5.5 校正倾斜方法的选择

选择储罐基础倾斜校正方法应根据储罐形式、容量大小、土质情况、施工方法及倾斜原因等产生条件进行。

对于中小型储罐基础，发生倾斜或差异沉降超过容许值，应根据不同情况，采用顶升法来进行校正与修复（此法费用较高，技术难度也较大）；当储罐基础产生局部不均匀沉降时，可采用吹入法进行校正和修复；大型储罐基础出现倾斜时，宜采用气垫船法进行校正。无条件采用气垫船法进行校正时，可采用半圆周挖沟法校正（此法简单易行、造价低廉的一种方法）。

7.6 半圆周挖沟法校正储罐倾斜要点

半圆周挖沟法的原理是人为地造成一个沉降条件，在重压下使储罐基底土体侧向挤出，使沉降小的部位加大沉降，从而达到纠偏的目的。

7.6.1 采用半圆周挖沟法纠偏概况

据资料介绍，中国石油化工股份有限公司镇海炼化分公司建造的 60 余座储罐中，有 24 座产生较大的不均匀沉降，大大超过了地基规范中倾斜允许值的规定。由于容量 5000~1000m³ 的罐直径较大（$\phi 22m \sim \phi 31m$），罐底的钢板厚度很薄（4~6mm），因此用顶升法纠偏，底板挠度大，已全部顶起，且施工难度大、质量差、成本高。为了寻求简便而有效的方法，采用了半圆周挖沟法，再辅以抽水，使储罐重心位移，从而纠正储罐基础倾斜。

半圆周挖沟纠正储罐基础倾斜，在原储罐区 G203 罐（容量为 10000m³）首先试验成功后，应用于 24 座容量为 60~10000m³ 的煤油或柴油储罐、化学药剂罐、污罐等各种储罐进行纠偏，取得了不同程度的效果：G203 罐直径 31.282m，相对沉降差为 126mm，挖沟纠偏第三天，相对倾斜从 3.95‰ 改善到 2.6‰；某直径 6.5m 的热水罐，倾斜 510mm，纠正后相对倾斜从 78.5‰ 改善到 2.15‰。24 座储罐纠偏后，地基规范中有关规定满足相对倾斜小于 8‰ 的有 12 座罐，占纠偏总数的 50%。

对另外 14 座储罐（500~10000m³）进行了倾斜校正后，地基规范中有关规定满足相对倾小于 8‰ 的达到 10 座罐。

7.6.2　挖沟位置与长度的确定

挖沟位置和长度是纠偏的第一个要素。以 G203 号罐为例说明挖沟位置和长度的确定。

（1）罐沉降量情况。G203 号罐周边各点沉降量的展开图，如图 7.4 所示。周边 4 号点沉降量为 300mm，相对的 8 号点沉降量为 174mm，相对沉降差为 126mm。

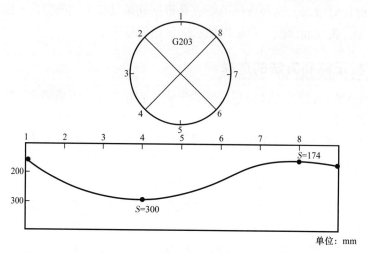

图 7.4　校正前沉降量展开示意图

（2）挖沟位置与长度的确定。图 7.5 是 G203 号罐挖沟位置与长度示意图，以周边最小沉降点（8 号点）为中心，沿周边各向两侧延伸到 1/4 周长（总长为半圆周长），即 6号←7 号←8 号→1 号→2 号。除了挖至半圆周长之外，还需要挖到一定的深度才能产生储罐重心的位移。G203 罐半圆周挖沟法纠偏后，相对沉降差缩小到 83mm，如图 7.6 所示。

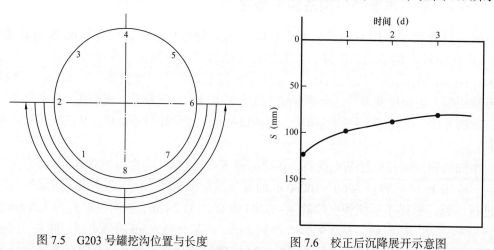

图 7.5　G203 号罐挖沟位置与长度　　　图 7.6　校正后沉降展开示意图

由于挖沟长度小于半圆周只能减缓沉降差递增的速率，起不到纠正的作用，挖沟长度达到半圆周才能起到纠偏的作用。故挖沟法称为半圆周挖沟法。

7.6.3　确定挖沟深度的几个参数

挖沟的深度是纠偏的第二个要素，挖得太深将会使储罐产生剪切破坏甚至滑动；挖得太浅将不起作用。一般根据储罐所处的土质情况、离罐壁远近、荷载大小和时间长短等因素来决定挖沟的深度。

（1）根据土质情况决定沟的深度，一般在储罐区淤泥质亚黏土地基上挖沟深度 H 为：

$$H = S \cdot \tan\alpha + a \qquad\qquad (7.1)$$

式中　S——离罐壁距离，m；

　　　$\tan\alpha$——随地质情况和荷载大小情况而定，一般 α 取 45°（$H:S=1:1$）；

　　　a——常数，通常取 40～50cm。

挖沟深度 H 从基础底面算起，沟的断面要挖成里边直（靠罐壁的一边），外壁带坡。沟宽度随深度而异，以便于测量时立尺，但不宜过宽，沟开挖深度 b 采用 0.5～1.5m，沟底宽 d 为 0.3～1.0mm。如图 7.7 所示。

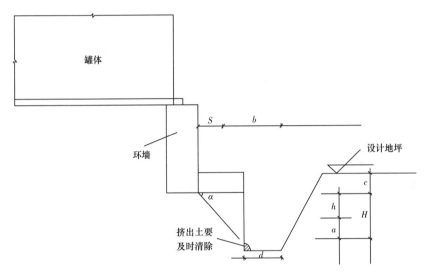

图 7.7　挖沟深度与宽度示意图

挖沟深度到 H 时，沟内壁立即分层剥落，储罐渐渐向挖沟方向拨正。为了保证效能的持久性，塌落到沟底的土要及时清除，沟内如有地下水应同时抽干，使沟内的地下水位在整个纠偏过程中不要超过圈梁基础底部，否则水位忽起忽落，容易使环梁内的沙垫层流失造成储罐底板边缘局部塌陷。另外沟内积水，水压将平衡沟边土体侧向压力，会降低挖沟的效能。

（2）离罐壁的距离与深度的关系。

离罐壁的距离与深度的基本关系是沟边距离罐壁远时，要深挖，反之要浅挖。一般工程应离储罐边缘取 30～50cm，以保证储罐圈梁内沙垫层不致流失为宜。

（3）荷载时间与挖沟深度的关系。

这是涉及储罐在充水预压过程中发生倾斜在什么时候开挖的问题。根据土壤的固结理论，地基土的压密程度是土体内的等压力线随深度而减少，上层土压密大，下层土压密小。如果充水预压早期开挖，荷载尚小，压应力亦小，上层土质还没有压实，固结强度小，可以挖浅；若充水预压后期开挖，荷载时间较长，上层土已经初步固结压密，所以要深挖。应注意的是过早挖沟是不适宜的。

7.6.4　及时进行纠偏，控制加载速率

充水加载早期，储罐倾斜方向不一定是真实的倾斜方向，因为它并非一成不变的，而是呈螺旋形摇晃下沉，基础各点的沉降量有可能会自动调整一些。根据实践经验，若早期相对倾斜量大于 5‰，后期必有更大的沉降差，而且不可能再自动调整，这时必须及早开始挖沟调整。

储罐基础一旦发生倾斜，是否要立即卸载？按常规是应立即排水卸载直至罐空，这是保证储罐不会倾覆的万无一失的办法。另一个方法是停止加荷，这能使倾斜发展缓慢下来，但需要相当长一段时间才能使储罐基础稳定下来，且并不能保证再次加载时储罐不会继续朝此方向倾斜。是否卸载，可根据罐外土体是否隆起、沉降是否激增确定，如果土体无隆起、沉降没有激增，可以不卸载，带载挖沟成效更快一些。为了确保安全，开挖时暂停加载，在原有荷载下挖沟，待储罐稍微有拨正动向时，要及时按原规定加载速率进水。但千万不能加载过快，以免纠偏过快造成事故。

采用半圆周挖沟法校正时，应注意控制校正速率与时间的关系。一般半圆周挖沟法纠偏时，挖沟后 2～3d 能见到成效。同时还要加强监测，防止储罐基础滑动，甚至地基失稳破坏。

8 储罐日常检测方法与维护

储罐是石油储运过程中的关键设备，由于长年在自然环境、盛装介质和液位不断变化等条件下运行，易产生各种损伤，如由于化学腐蚀、电化学腐蚀、雷击及不均匀沉降引发的罐底腐蚀裂纹扩展、破裂以及着火爆炸事故，这些隐患不能被巡检人员及时发现，加之各企业低成本、长周期对储罐运行的需求，易引发油品泄漏及爆炸着火事故，因此需要加强储罐安全检测与风险防控技术研究。

8.1 声发射检测原理

8.1.1 声发射检测设备

声发射检测技术是一种动态无损检测技术，具有广泛的应用前景。应用在检测压力容器领域，在罐壁上安装声发射传感器，并在安静的周期内做检测可让使用人员确定容器是否发生了泄漏或腐蚀。很多案例中泄漏和腐蚀的位置能够被确定，同时不需要停止生产、清空罐底、危险物处理等工作，在一天中能扫查一个或多个储罐，经济实惠。

声发射检测技术涉及声发射声源、声电转换、信号放大、信号处理、数据显示与记录、解释与评定等基本概念，原理图如图 8.1 所示。

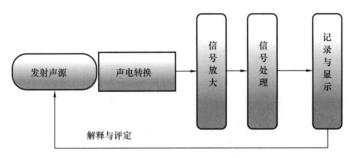

图 8.1　声发射检测原理图

材料中局域源快速释放能量产生瞬态弹性波的现象称为声发射（Acoustic Emission，简称 AE），有时也称为应力波发射。由于材料内部结构发生变化而引起材料内应力突然重新分布；使机械能转变为声能；产生弹性波，声发射的频率一般在 1~1000kHz。材料在应力作用下的变形和裂纹扩展是结构失效的重要机制，这种直接与变形和断裂机制有关的弹性波源，通常称为典型声发射源。流体泄漏、摩擦、撞击、燃烧、磁畴壁运转等与变形和断裂机制无直接联系的另一波源称为二次声发射源。

广义上的声发射波的频率范围很宽，从次声频、声频直到超声频，可包括数赫兹到数兆赫兹。其幅度从微观的位错转动到大规模宏观断裂，在很大的范围内变化，按传感器的输出可包括数十到数百，不过大多数为用高灵敏传感器才能探测到的微弱振动。用最灵敏的传感器，可探测到约为表面振动。

声发射源发出的弹性波，经介质传播到达被检体表面，引起表面的机械振动。声发射传感器将表面的瞬态位移转换成电信号。声发射信号在经放大、处理后，其波形和特性参数被记录与显示。最后，经数据的分析与解释，评定出声发射源的特性。

8.1.1.1　声发射检测的主要目标

（1）确定声发射源的部位；
（2）鉴别声发射源的类型；
（3）确定声发射发生的时间和载荷；
（4）评定声发射源的重要性。
一般而言，对超标声发射源，要用其他非破坏检测方法进行局部复检，已精确确定缺陷的性质与大小，因为声发射检测为定性检测，检测精度较低，无法定量确定缺陷。

8.1.1.2　声发射技术的特点

与其他非破坏检测技术相比，声发射检测技术具有两个基本差别：检测动态缺陷（如缺陷扩展），而不是检测静态缺陷；缺陷的信息直接来自缺陷本身，而不是靠外部输入扫查缺陷。这种差别导致该技术具有以下优点和局限性。

（1）优点。
① 可检测对结构安全更为有害的活动性缺陷。能提供缺陷在应力作用下的动态信息，适于评价缺陷对结构的实际有害程度。
② 对大型构件，可提供整体或大范围的快速检测。由于并不进行繁杂的扫查操作，而只要布置好足够数量的传感器，经一次加载或试验过程，就可确定缺陷的部位，从而省工、省时、易于提高检测效率。
③ 可提供缺陷随载荷、时间、温度等外部变量而变化的实时或连续信息，因而适用于运行过程在在线监控及早期破坏预测。
④ 由于对被检件的接近要求不高，而适于其他方法难以或不能接近环境下的检测，如高低温、核辐射、易燃、易爆及剧毒等环境。
（2）局限性。
① 声发射特性对材料特性十分敏感，容易受到机电噪声的干扰，因而对于数据的正确解释要有丰富的数据库和现场检测经验，同时又必须在安静的周期内检测。
② 声发射技术需要适当的检测加载程序，并且仅有一次或两次加载检测的机会，多数情况下可利用现有的加载条件，但有时仍需要加载准备。
③ 声发射检测所发现的缺陷的定量需要依赖其他非破坏检测方法，它不能单独地定义已检测出的缺陷尺寸的大小。

鉴于此，声发射使用的场合条件包括：其他方法难以适用或严重影响其精度的环境或对象；与安全性和经济性联系密切的对象；重要构件的综合性评价。因此，声发射检测技术的发展还不够成熟，不能替代传统的检测方法，但是可与其他检测方法联合使用，得到更精确的检测结果。

（3）影响检测的因素。

声发射主要来自材料的变形和断裂机制，因此所有影响材料变形和断裂机制的因素都会对声发射产生影响，主要包括以下这几方面。

① 材料本身。包括成分、组织、结构，如金属材料的晶格类型、晶粒尺寸、晶间夹杂、第二相、制造缺陷，复合材料中的基材、增强剂、界面、残余应力、各向同异性、纤维方向等。

② 部件。包括部件的尺寸和形状，是否会形成回音环绕等。

③ 应力。包括部件的应力状态、应变率、应力加载历史、残余热应力。

④ 环境。包括温度和腐蚀介质等。

对于合理地选择检测条件，正确地解释检测结果，这些因素都是需要考虑的问题。

凯塞效应。材料的受载历史对重复加载声发射特性有重要影响。重复载荷到达原先加载最大载荷以前不发生明显声发射，这种声发射不可逆性质称为凯塞效应。多数金属材料中，可观擦到明显的凯塞效应。但是重复加载前，如产生新裂纹或其他可逆声发射机制，凯塞效应会消失。

凯塞效应在声发射技术中有着重要的用途。① 在役构件新生裂纹的定期过载声发射检测。② 岩体等原先所受最大应力的推定。③ 疲劳裂纹的起始与扩展声发射检测。④ 通过预载措施降低或消除加载销孔的噪声干扰。⑤ 加载过程中常见的可逆性摩擦噪声的鉴别。

费利西蒂效应和费利西蒂比。材料重复加载时，在重复载荷达到原先所加最大载荷之前发生明显声发射的现象称为费利西蒂效应，也称为反凯塞效应。重复加载时的声发射起始载荷与原先所加最大荷载之比称为费利西蒂比。费利西蒂比作唯一定量参数，较好地反映原先所受损伤或结构缺陷的严重程度，已称为缺陷严重性的重要评定依据，费利西蒂比大于 1 表示凯塞效应成立，反之则不成立。在一些复合材料的构件中，费利西蒂比小于 0.95 常作为声发射超标的重要依据。

（4）声发射传感器工作原理。

某些晶体受力产生变形时，其表面出现电荷，而在电场的作用下，芯片又会发生弹性变形，此为压电效应。常用声发射传感器的工作原理，基于晶体组件的压电效应，将声发射波所引起的被检件表面振动转换成电压信号，供于信号处理。

压电材料多为非金属介晶体管，包括锆钛酸铅、钛酸铅、钛酸钡等多晶体和铌酸锂、碘酸锂、硫酸锂等单晶体。其中锆钛酸铅接收灵敏度高，是声发射传感器常用压电材料。铌酸锂晶体居里点高达 1200℃，常用作高温传感器。

传感器的特性包括频响宽度、谐振频率、幅度灵敏度，取决于许多因素。① 晶体的形状、尺寸及其弹性和压电常数。② 芯片的阻尼块及壳体中安装方式。③ 传感器的耦合、安装及试件的声学特性。

（5）类型与选择。

传感器属检测系统的关键部位，其响应多敏感于表面振动的垂直位移，包括位移、位移速度、位移加速度，这主要取决于传感器的频率响应和灵敏度特性。传感器可分为压电型、电容型和光学型。常用的压电型有可分为谐振式（单端和差动式）、宽带带式、锥型式、高温式、微型、前放内置式、潜水式、定向式、空气耦合式和可转动式。

8.1.2　检测系统选择

8.1.2.1　检测对象与目的

（1）被检材料：声发射信号的频域、幅度、频度特性随材料类型有很大不同。例如，金属材料的频域约为数千赫兹至数兆赫兹，复合材料约为数千赫兹至数十万赫兹，岩石和混凝土约为数百赫兹至数百千赫兹。对不同材料须考虑不同的工作频率。

（2）检测对象：对试验室材料试验、现场构件检测、各类工业过程监视等不同的检测，需选择不同类型的系统，例如对实验室研究多选用通用形，对大型构件采用多通道形，对过程监视选用专用形。

（3）所需信息类型：根据所需信息类型和分析方法，需要考虑检测系统的性能与功能，如信号参数、波形纪录、原定位、信号鉴别及实时或事后分析与显示等。

8.1.2.2　影响选择的因素

选择检测系统时需要考虑的主要因素见表 8.1。

表 8.1　选择因素

性能及功能	影响因素
工作频率	材料频域、传播衰减、机械噪声
传感器类型	频率、灵敏度、使用温度、环境、尺寸
通道数	—
源定位	不定位、区域定位、时差定位
信号参数	连续信号与突发信号参数、波形记录与谱分析
显示	—
噪声鉴别	空间滤波、特性参数滤波外变量滤波及其前端与事后滤波
存储量	数据量，包括波形记录
数据源	高频度声发射、强噪声、多通道多参数、即时分析

8.1.3　声发射检测应用

声发射作为实验室材料研究的工具已有较长的应用历史。通过对材料表征实验过程的声发射监视，建立声发射、微观机制、力学特性之间的关系，通常同时达到两个目的：
（1）分析和评价变形、断裂机制与力学行为；（2）为构件的非破坏评价建立广泛的声发射
特性数据库。主要应用范围见表8.2。

表 8.2 应用范围

类型	信息
塑性变形	位错转动、滑移变形、变晶变形、夹杂开裂与分离
断裂力学实验	裂纹起裂、扩展、止裂和失稳
疲劳试验	裂纹的起始、扩展及闭合机制
环境裂纹	应力腐蚀与氢脆裂纹
相变	晶格相变
复合材料断裂	纤维断裂、界面分离、基材分裂、层间分离
其他	蠕变、腐蚀、残余应力、脆性转变、其他材料

8.2 声发射的发展

作为一门半新不旧的技术，声发射技术在多种检测实验中逐渐展示出其不可忽视的
影响力和重要性。1950—1953年，德国人凯塞发现了声发射的不可逆效应，即凯塞效应。
20世纪50年代后期，声发射研究的重点转到了美国。美国科学家们对声发射现象进行了
广泛的研究，认为声发射来自材料内部的机制，表面状态对声发射有一定影响，并寻找以
声学技术检测金属滑移变形的可能性。他们还将实验频率提高到0.01～1MHz，这是实验
技术的重要进展，为声发射技术从实验室的材料研究阶段走向在生产现场用于监视大型构
件的结构完整性创造了条件。

1964年，美国通用动力公司把声发射技术用于北极星导弹壳体的水压试验，这是声
发射技术用于评价大型构件结构完整性的第一个例子，它标志着声发射技术开始进入生产
现场应用的新阶段。20世纪70年代，声发射技术的发展热潮转到了日本，后来，欧洲的
许多国家也相应开展了声发射技术的研究工作。与此同时，中国也从20世纪70年代开展
了声发射技术的研究工作，在许多领域取得了明显的效果。

工业发达国家开展声发射技术的研究与应用，最初的研究对象是玻璃、岩石等脆性材
料的声发射现象，当前已发展到钢铁等高强度材料及其结构物声发射现象的研究与应用。
目前研究方向大致有以下几个方面：（1）声发射信号的表征参数，即声发射理论概念探
讨。多为声发射的室内试样实验所得，目的是理解掌握声发射参数的特征及其与材料、构
件受力之间的关系。这些参数主要有声发射事件，振铃计数率和总数，幅度及幅度分布，
能量及能量分布，信号维持时间，信号脉冲前沿上升时间、频度、有效电压值、频谱和波
形等。随着材料、构件受力破坏的不同，声发射信号的这些表征参数也会随之发生变化，

并且彼此之间也存在一定关联性。固体介质中传播的声发射信号含有发射源的特征信息，可利用表征参数反映材料特性或缺陷发展状态，从而为声发射检测仪器的研制与声发射技术的工程应用奠定基础。（2）声发射检测仪器及系统。由于声发射信号是前沿时间只有几十到几百毫微秒、重复频率高的瞬变随机过渡信号。局部瞬变产生的声发射波在试样表面的垂直位移约为 $10^{-7}\sim10^{-14}$ m，频率分布在次声到超声频率范围（几赫兹到几十兆赫兹）。故要求声发射检测仪器具有高响应速度、高灵敏度、高增益、宽动态范围、强阻塞恢复能力和频率检测窗口可以选择等性能，并且具有抗干扰能力和排除噪声的能力。

如今，声发射检测仪大体上可分为单通道声发射检测仪和多通道声发射源定位及分析系统两种。从发展趋势看，研究方向大都朝着多通道、自动化采集信号、计算机分析处理数据、打印机打印输出、动态显示等多环节一体化发展，其中代表性的仪器系统有美国声发射技术公司生产的 AET5000 系统，日本 NF 回路株式会社生产的 NF—AE9000 组件系统和日本新日铁公司生产的 NAIS 组件系统等。美国产声发射系统在金属容器等均质材料中定位精度可达厘米数量级；日本开发的三轴向声发射检测系统，在地热开发中应用于地下千米以上距离的声源定位，精度可达米数量级。

从无损检测的角度论述声发射技术的发展，无非要解决以下几个问题：构件或材料何时出现了损伤、是什么性质的损伤、在什么地方出现了损伤、损伤的严重程度如何。

在过去的 30 多年里，中国科学家对这些问题都作了研究，取得了很多成绩。为了使声发射技术更好地应用于生产及科研，扩大应用范围，目前科学家正致力于以下几个方面来开展研究工作。（1）声发射技术是从接收到的声发射信号判断声发射源的，评价有害度。所以必须研究声发射的发声机理及不同的发声机理与接收到的信号之间的联系。目前，直接接收到从声源发出的原始声发射信号的技术仍不够成熟，因此，如何从接收到的信号准确地反推声源就成为一个重要的问题。（2）各种材料在不同实验条件下表现出的声发射特性差别很大，故另一方面科学家在广泛研究各种材料的声发射特性，丰富人们对材料声发射特性的认识，为寻找收到的声发射信号与声源之间的联系提供依据。（3）由于影响声发射检测结果的因素很多，统一声发射检测系统的标定方法和试验方法就成为急需解决的问题。（4）发展声源定位技术，寻找排除噪声的新方法和研究缺陷有害度评估的新方法，从而研制出适合于严重噪声环境下应用的新仪器。而研制排除噪声干扰应用的新型声发射监测仪器更是难题，也是广大科研工作者的奋斗目标。（5）声发射表征参数包含了丰富的有用信息，但一般使用的只是其中一部分参数，如事件率、能量（率）、时差等，今后应更多地考虑其他参数的综合应用。

综上所述，当前尽管有许多新兴技术的冲击，声发射技术在检测等方面有无法取代的重要地位，有着光明的前景，正待人们去开发、去挖掘。

8.3　声发射的信号处理

声发射检测信号需要相应的处理工具，小波变换是近 20 年来发展起来的一种信号处理方法，与之前的时域分析和频域分析不同的是，小波变换具有同时在时域和频域表征信号局部特征的能力，既能够刻画某个局部时间段信号的频谱信息，又可以描述某一频谱信息对应的时域信息。这对于分析含有瞬态现象的声发射信号是最合适的。

8.3.1 小波变换特点

有多分辨率（multi-resolution），也叫多尺度（multi-scale）的特点，可以由粗及细地逐步观察信号。

可以看成用基本频率特性为 $\psi(\omega)$ 的带通滤波器在不同尺度 a 下对信号做滤波。傅里叶变换的尺度特性可知这组滤波器具有品质因数恒定，即相对带宽（带宽与中心频率之比）恒定的特点。注意，a 越大相当频率越低。

适当地选择基小波，使 $\psi(t)$ 在时域上为有限支撑，$\psi(\omega)$ 在频域上也比较集中，就可以使小波变换在时域、频域都具有表征信号局部特征的能力，因此有利于检测信号的瞬态或奇异点。

小波变换能够提取低碳钢点蚀声发射信号和系统噪声在多尺度分辨空间中的波形特征，根据表征该特征的小波系数模极大值在多尺度分辨空间传播特性的不同，实现对电化学噪声信号波形的检测。

基于上述特性，小波变换对于低碳钢点蚀声发射信号进行特征提取是相当有效的。

8.3.2 小波变换原理

8.3.2.1 小波变换计算式

对于任意平方可积的函数 $\psi(t)$，其傅里叶变换为 $\psi(w)$，若 $\psi(w)$ 满足：

$$\int_R \frac{|\psi(w)|^2}{|w|}\mathrm{d}w < \infty \tag{8.1}$$

则称 $\psi(t)$ 为小波基函数，将小波基函数进行伸缩和平移后得

$$\psi_{a,b}(t) = a^{-\frac{1}{2}}\psi\left(\frac{t-b}{a}\right)(a,b\in R); a\neq 0\ 称其为一个小波序列$$

其中 a 为尺度因子，b 为时间因子。

对于任意平方可积的函数 $f(t)\in L^2(R)$，其连续小波变换的定义为

$$W_f(a,b) = \langle f,\psi_{a,b}\rangle = |a|^{-\frac{1}{2}}\int_R f(t)\psi*\left(\frac{t-b}{a}\right)\mathrm{d}t \tag{8.2}$$

若对式（8.2）中的尺度因子 a 和时间因子 b 进行离散化，即取 $a = a_0^m$（$a_0 > 1$），$b = nb_0 a_0^m$（$b_0\in R$；$m,n\in Z$），则可定义函数 $f(t)$ 的离散小波变换，为了便于计算机运算尺度因子 a 通常取为 2。

8.3.2.2 离散小波变换与小波级数

上述小波定义，不利于数字化实现。对于确定积分小波变换和由此变换进行重构 f，

为了建立有效算法，只考虑离散抽样。取 $a = 2^{-j}$，$b = k/2^{j}$。在很多应用中，使用这个均匀离散抽样，有很少的损失。相应小波称二进小波，相应小波变换称为二进小波变换。二进小波定义为

$$h_{j,k}(x) = 2^{j/2} h(2^{j}x - k) \tag{8.3}$$

二进小波变换为

$$Wf\left(\frac{1}{2^{j}}, \frac{k}{2^{j}}\right) \leqslant h_{j,k}, f \geqslant 2^{j/2} \int \overline{h(2^{j}x - k)} f(x) \mathrm{d}x \tag{8.4}$$

如果存在与 w 无关的常数 A、B，使 $h_{j,k}$ 满足稳定性条件：

$$A \leqslant \sum_{j=-\infty}^{\infty} \left| \hat{h}(2^{-j}w) \right|^{2} \leqslant B, 0 < A \leqslant B < \infty \tag{8.5}$$

则有小波级数：

$$f(x) = \sum_{j,k=-\infty}^{\infty} < h_{j,k}, f > h^{j,k}(x) \tag{8.6}$$

$$f(x) = \sum_{j,k=-\infty}^{\infty} < h^{j,k}, f > h^{j,k}(x) \tag{8.7}$$

式（8.7）中 $h^{j,k}(x)$ 是小波函数 $h_{j,k}(x)$ 的对偶小波，也称为重构小波。$h^{j,k}(x)$ 和 $h_{j,k}(x)$ 相互对偶。可以互相重构。通常情况下，$h^{j,k}(x)$ 和 $h_{j,k}(x)$ 并不相等，只有小波是正交的，它们才自对偶，$h^{j,k}(x) = h_{j,k}(x)$。

在实际应用中，一般不直接使用上面的公式进行计算。而是采用其等价形式定义小波变换：

$$Wf(s,x) = Wf_{s}(x) = f * \phi_{s}(x) = \frac{1}{S} \int_{R} f(t) \phi\left(\frac{x-t}{s}\right) \mathrm{d}t \tag{8.8}$$

式（8.8）中，$\phi_{s}(x) = \frac{1}{s} \phi\left(\frac{x}{s}\right)$，若令 $\phi(t) = \overline{h(-t)}$，式（8.8）便等价于式（8.2）。式（8.8）说明积分小波变换定义为被称作"基小波"的函数反射膨胀的卷积。这样定义的目的，可以把小波变换看作输入信号 f 时系统 $\phi_{s}(x)$ 的响应，而 $\phi_{s}(x)$ 为系统的冲激响应函数。相应的二进小波变换为

$$Wf_{2}^{j}(x) = f * \phi_{2}^{j}(x) \tag{8.9}$$

如果函数 $\psi(t)$ 为基本小波，则任意函数 $f(t) \in L^{2}(R)$ 的连续小波变为

$$Wf(a,b) = |a|^{-\frac{1}{2}} \int_{R} f(t) \overline{\psi\left(\frac{t-b}{a}\right)} \mathrm{d}t \tag{8.10}$$

连续小波逆变换（重构）为

$$f(t) = \frac{1}{c_\psi} \int_{R^+} \int_R \frac{1}{a^2} W_f(a,b)\psi\left(\frac{t-b}{a}\right)\mathrm{d}a\mathrm{d}b \qquad (8.11)$$

在实际应用中，尤其在计算机上实现时，连续小波必须加以离散化。同时，连续小波变换也要离散化（参数离散化而非时间离散化）。取 $a = a_0^m$，$b = na_0^m b_0$，这里 $m \in z$，扩展步长 $a_0 \neq 1$ 是固定值，所以离散参数小波变换为

$$DWPT(m,n) = a_0^{-\frac{m}{2}} \int f(t)\psi\left(a_0^m t - nb_0\right)\mathrm{d}t \qquad (8.12)$$

对应于式（8.11）的重构公式即逆离散小波变换为

$$f(t) = \sum_m \sum_m DPWT(m,n)\psi_{m,n}(t) \qquad (8.13)$$

从以上公式可以看出，小波变换的时频窗口特性与短时傅里叶的时频窗口不一样。其窗口形状为两个矩形 $[b - a\Delta\psi, \; b + a\Delta\psi] \times [(\pm\omega_0 - \Delta\hat\psi)/a, \; (\pm\omega_0 + \Delta\hat\psi/a)]$，窗口中心为 $(b, \pm\omega_0/a)$，时窗和频窗宽分别为 $a\Delta\psi$ 和 $\Delta\hat\psi/a$。其中 b 仅仅影响窗口在相平面时间轴上的位置，而 a 不仅影响窗口在频率轴上的位置，也影响窗口的形状。小波变换对不同的频率，在时域上的取样步长具有调节性，即在低频时小波变换的时间分辨率较差，频率分辨率较高；在高频时小波变换的时间分辨率较高，频率分辨率较低，这正符合低频信号变化缓慢而高频信号变化迅速的特点。这便是小波变换优于经典的傅里叶变换与短时傅里叶变换的地方。从总体上来说，小波变换比短时傅里叶变换具有更好的时频窗口特性，更能有效地提取储罐常用材料低碳钢点蚀声发射信号特征。

8.3.3 点蚀声发射信号小波的多分辨分析

8.3.3.1 点蚀声发射信号的分解

设信号为函数 $f(t) \in V_0$，V_0 是 $L^2(R)$ 的一个子空间，对 V_0 进行小波正交分解，得 $\underset{m}{\oplus} V_0 = W_m$，其中 $W_{m_1} = W_{m_2}$，$m_1 \neq m_2$，设 $\{\psi_{m,n}(t) \mid n \in z\}$ 是 W_m 的小波正交基，则 $\{\psi_{m,n}(t) \mid m, n \in z\}$ 是 V_0 的小波正交基。所谓信号的分解过程实际上就是将信号 $f(t)$ 按小波正交基 $\psi_{m,n}(t) \mid m, n \in z$ 展开的过程，即

$$f(t) = \sum_j f_j(t), f_j(t) \in W_j \qquad (8.14)$$

$$f_j(t) = \sum_i C_{ij}\psi_{ji}(t) \qquad (8.15)$$

或

$$f(t) = \sum_j \sum_i C_{ij}\psi_{ji}(t) \qquad (8.16)$$

不同的 m，W_m 代表着不同的频带空间，式（8.14）表示对信号 $f(t)$ 按不同的频带进行分解；式（8.15）表示将 $f(t)$ 的某一频带中的信号成分按不同时刻继续细分；式（8.16）表示将 $f(t)$ 按不同频带、不同时刻进行分解。

在上述分解过程中，关键是求取其中的系数 C_{ij}，这个过程可简化为如下的两个滤波过程。设信号 $f(t)$ 的采样值为 $\{f_n^0\}$，重复使用 h 和 g 做如下 2 次滤波，则有

$$\begin{cases} f_j^i = \sum\limits_k f_k^{i-1} h_{k-2j} \\ C_{ij} = \sum\limits_k f_k^{i-1} g_{k-2j} \end{cases} (i=1,2,\cdots,J) \tag{8.17}$$

便实现了对 $f(t)$ 的分解。

记 $f^i = \{f_j^i\}$，$C^i = \{C_{ij}\}$ 并定义滤波算子 H 和 G：

$$H(f_j^i) = \sum_k f_k^j h_{k=2j}$$
$$G(f_j^i) = \sum_k f_k^j g_{k=2j} \tag{8.18}$$

则式（8.19）即为

$$\begin{cases} f^{i+1} = H(f^i) \\ C^{i+1} = G(f^i) \end{cases} (i=1,2,\cdots,J-1) \tag{8.19}$$

从物理上来分析上述分解过程，可以把小波函数 $\psi(t)$ 看作是一种简单标准振动（不过它没有简单到谐和振动的水平），$\psi_{ij}(t)$ 是由 $\psi(t)$ 经适当伸缩和平移而得到的，所以 $\psi_{ij}(t)$ 同样也是一些简单标准振动，只是振动频率不同，在振动时间上有一定延迟。因此，上述分解过程实际上就是将一个时频信号表示为一系列不同频率、不同延迟的简单标准信号的迭加。这就意味着在信号分析过程中，可以按不同频带对低碳钢点蚀声发射信号进行分解，进而可按实际问题的要求，对这些分解出来的信号成分分别进行处理，以达到解决实际问题的目的。

8.3.3.2 点蚀声发射信号的重构

把一个点蚀声发射信号按小波基展开后，便得到点蚀声发射信号在不同的频带中的一系列信息，根据这些信息重新得到源信号的过程称为信号的重构。

类似于式（8.18），定义 H、G 的共轭滤波算子 H^* 和 G^*，则有

$$H^*(f_j^i) = \sum_k f_k^j h_{j-2k}$$
$$G^*(f_j^i) = \sum_k f_k^j g_{j-2k} \tag{8.20}$$

具有正交关系，可得

$$HG^* = GH^* = 0, \quad H^*H + G^*G = I \tag{8.21}$$

式（8.21）中 I 为恒等算子。

根据以上定义，不难得到如下重构：

$$f^i = H^* \left(f^{i+1} \right) + G^* \left(C^{i+1} \right), \quad i = J-1, \cdots, 1, 0 \tag{8.22}$$

8.4 声发射检测评估

中国大型储罐多采用低碳钢建造，采用铝合金建造的储罐很少，多用在制造储罐内置浮盘，因此只需要针对储罐常用、且易发生腐蚀的材料低碳钢进行检测分析。根据理论分析与实验研究，低碳钢点蚀声发射信号具有以下基本特征。

8.4.1 低碳钢点蚀声发射信号

8.4.1.1 低碳钢点蚀声发射信号特性

（1）低碳钢点蚀声发射信号具有瞬态性。低碳钢点蚀声发射信号在监测中具有随机性，只有当能量积累到一定的程度，才会出现一个瞬态释放的过程，然后迅速衰减。这个过程类似于一个瞬态的冲击信号，由于能量释放的瞬态性，使信号具有时变性，声发射信号属于非平稳随机信号。

（2）低碳钢点蚀声发射信号具有多态性。机械波在固体介质中传播是一个复杂的过程，在这个过程中包括多种模式的波，如纵波、横波、表面波等，在传播过程中还会发生模式的转换。对于薄板，按板波理论可以简化为扩展波（E 波）和柔性波（F 波）。此外，声发射信号在传播介质内还会发生波的反射、折射等影响，这种影响结果随着传感器与声发射源的位置不同而不同。腐蚀过程中不同的物理化学过程产生的声发射信号也具有不同的形态，实际的声发射信号包含有多种模式的波形。

（3）低碳钢点蚀声发射信号易受噪声干扰。在声发射检测阶段，长期困扰着声发射应用的一个难题是噪声的干扰问题。声发射检测具有极高的灵敏度，但易于受到各种因素的干扰而无法得到真正有意义的声发射源信息。这说明声发射信号分析和识别的必要性。在实际工程应用中，声发射信号大多伴随着多种干扰噪声（环境机械噪声、电子仪器带来的噪声等），这些噪声的主要时域特征是随机地分布在整个采样时间范围内。

8.4.1.2 小波分析

对于低碳钢点蚀声发射信号的特征分析，就是要知道这类信号的特点，以及其适宜于用什么样的分析手段去处理。通过上面的分析以及采集到的波形都说明低碳钢点蚀声发射信号是一类瞬态的非平稳信号，小波分析正是目前处理这一类信号最有效的方法。

低碳钢点蚀声发射信号识别中，以下的几个方面仍需要深入系统地研究。

（1）小波变换中小波基的选择问题。如何选取小波基对低碳钢点蚀声发射信号进行分析才能取得较好的分析效果。

（2）小波分解的尺度如何确定。在实际应用中应该遵循什么样的原则跟具体点蚀声发射信号采集参数的设置有很大的关系。

（3）如何利用小波变换获取不同点蚀声发射源的特征。所谓获取特征就是对声发射源模式的某种物理性质进行数学描述，具体讲就是对信号进行小波变换，得到最能反映模式分类的本质特征。这也是小波分析的最终目的。

利用小波变换，对信号进行分解，通过小波降噪，剔除噪声干扰，对分解信号进行小波重构，这样重构出来的信号与原始信号有所差异，这种差异就是实验需要得到的结论。

利用小波变换对点蚀声发射信号进行能量系数和 FFT 特征提取之后，从而进一步确认低碳钢点蚀声发射信号的失效模式（图8.2）。

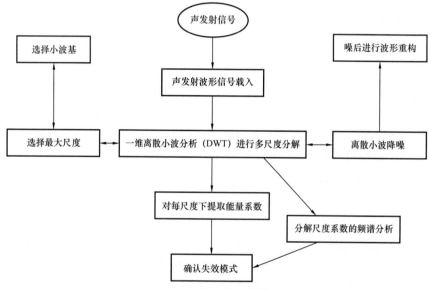

图 8.2　小波分析流程图

低碳钢点蚀声发射信号小波基的选取上，一般根据以下几个性质对小波基进行分析。

（1）紧支性：小波基 $\Psi(t)$ 在一有界区域外恒等于零，则称小波基具有紧支性，即具有良好的时域局部特性。紧支宽度越窄，时域局部特性越好。

（2）正交性：小波基序列 $\Psi_{a,b}(t)$ 满足公式 $\Psi_{a,b}(t)\Psi_{m,n}(t)=\delta_{am}b_{bn}$，则称小波基具有正交性。具有正交性的小波基的小波变换可以采用 Mallat 快速算法。

（3）对称性：对称的小波基可以避免信号小波变换的分解和重构过程对信号产生畸变。

（4）消失矩：小波基 $\Psi(t)$ 的 k 阶矩是指，如果对于所有 $0 \leqslant m \leqslant k$，式 $\int_R t_m \Psi(t)dt=0$ 成立，具有消失矩的小波基对信号的作用主要是将信号能量相对集中在几个小波系数里，它对检测信号的奇异性以及信号与噪声的分离都有作用。

本书在分析低碳钢点蚀声发射信号特点的基础上，结合各种小波基的特点，对低碳钢点蚀声发射信号分析的所选用的小波基有如下要求：

（1）满足大量信号的快速处理要求。与离散小波变换相比，连续小波变换可以自由选择尺度因子，对信号的时频空间划分比二进离散小波要细，计算量比离散小波变换大，并且由连续小波变换恢复原信号的重构公式不唯一。声发射信号的特点之一是突发性，而且是多通道的过程监测，在实际的应用中为了捕捉到缺陷发出的声发射信号，往往需要采样时间比较长，信号的数据量较大。从对处理速度这个角度考虑，声发射信号采用离散小波变换比较合适。对低碳钢点蚀声发射信号的分析目的是能获取对声发射源的相关信息，通过对低碳钢点蚀声发射信号的小波分析能够对声发射源特征信号进行重构是实现这一目的的有效途径之一。以上的分析结果是：离散小波变换比连续小波变换更适合于低碳钢点蚀声发射信号的处理，应该选取可进行离散小波变换的小波基。

（2）良好的时频分析性能。具有良好的时频分析性能的小波基是分析每一类信号所希望的。对于具有瞬态性和多样性特点的声发射信号，良好的时域局部特性的小波基能够准确拾取每一次突发的声发射信号。同样，良好的时域局部特性的小波基能够把声发射信号中的多个模式在不同的频域范围内进行分析，通过分析最终提取与声发射源相关的信息。在实际应用中要根据实际信号处理的要求对小波基的时域和频域局部特性进行折中考虑。要求小波基在时域和频域均具有一定的局部分析能力。低碳钢点蚀声发射信号具有突发瞬态性，能够准确拾取突发的声发射信号是获取正确的声发射源信息的前提保障，所以考虑选择在时域具有紧支性的小波基，同时紧支性的小波基能避免计算误差，为了保证小波基在频域的局部分析能力，要求小波基在频带具有快速衰减性。故此，小波基在时域具有紧支性，在时域具有快速衰减性是低碳钢点蚀声发射信号小波基选择应遵循的规则。

（3）符合低碳钢点蚀声发射信号的特点。小波基 $\psi_{a,b(t)}$ 如果与信号 $f(t)$ 的相关性越好，小波变换 $W_f(a,b)$ 对信号的特征提取量就越高，用小波基分析信号的特征就越准确。低碳钢点蚀声发射信号在时域通常表现为冲击振荡衰减性，具有一定持续时间。因此选择的小波基具有类似的性质，能对低碳钢点蚀声发射信号的特征提取提供最佳的分析效果。

（4）较强的降噪能力。声发射监测过程中的噪声问题，一直是困扰着声发射技术工程应用的主要障碍。各种噪声的存在严重影响着对真正有意义的声发射源的判断，全波形的采集和分析提供了解决这个难题的可能性。小波分析一直是减少噪声影响的有效手段。从小波理论中可以知道，具有一定阶次消失矩的小波基能有效地突出信号的各种奇异特性，因为低碳钢点蚀声发射信号具有类似冲击信号的特性，所以选择具有一定阶次消失矩的小波基，能突出低碳钢点蚀声发射信号的特征。

（5）尽量少的信号失真。如果滤波器具有线性相位或至少具有广义线性相位，则相位失真能够避免或减少。选用具有线性相位的小波基对信号进行分解和重构能避免或减少信号的失真。对于本书研究低碳钢点蚀声发射信号特征分析而言，都是极其重要的。从相关理论可知对称或反对称的小波基函数具有线性相位，因此，对低碳钢点蚀声发射信号的小波变换分析，应尽量选择对称的小波基。在对称小波基获取困难的情况下，应尽量选择近似对称的小波基，以降低信号的失真。

上面提出对小波基的要求，为选择合适的小波函数，下面，将常见小波函数的特点做一个归纳：

（1）Haar 小波：该小波具有正交性和对称性。时域中有紧支性，频域中没有紧支性，所以，在时域中，衰减太慢，局部性变差。只具有 0 消失矩，一阶导数不连续。

（2）Mexican hat 小波：这是著名的墨西哥帽子小波。它没有正交性，但有对称性。具有 1 阶消失矩，任意阶导数连续。

（3）Meyer 小波：该小波规则正交，对称。在频域紧支。有任意阶消失矩，任意阶导数连续。

（4）Daubechies 小波：该小波具有正交性。在时域和频域都是有限紧支。没有解析式。有限紧支正交小波在信号的小波分解和数据压缩中有着重要作用，在实施中不需要对小波进行人为的切断，具有计算快、精度高等特点。

（5）Coifman 小波：该小波具有正交性和对称性。在时域和频域都是有限紧支。有高阶消失矩（对于 Coifman 小波来说，其时域消失矩为 $2N$，频域消失矩为 $2N-1$）。

经过以上几个小波函数的特点分析，对于低碳钢点蚀声发射信号的小波函数选择，Daubechies 小波和 Coifman 小波是最合适的，但考虑到运算的简单程度后，本文选择 db$N$ 列函数。

db$N$ 小波函数 $\psi(t)$ 及其相应的尺度函数 $\varphi(t)$ 构成不同的小波基。小波函数 $\psi(t)$ 和尺度函数 $\varphi(t)$ 相当于滤波器。从理论分析可知，N 越大，其性能越好，因此，本书选择 Daubechies16（简称 db16）、Daubechies18（简称 db18）为适合低碳钢点蚀声发射信号分析的小波函数。图 8.3 是 db16 和 db18 小波图的表示形式。

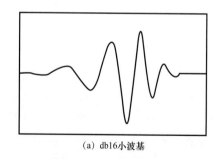 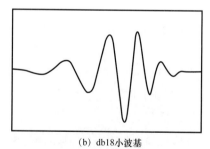

(a) db16小波基　　　　　　　　　　　(b) db18小波基

图 8.3　db16 和 db18 的小波函数图

Daubechies 构造了一个簇紧支撑正交小波，称为 db$N$，N 为阶数，对于每个 N，$\{h(k)\}$ 有 $2N$ 个非零项。小波没有显示表达式，可由以下三个条件确定：

（1）$P(y) = \sum_{k=0}^{N-1} C_k^{N-1+k} y^k$，$C_k^{n-1+k}$ 为二项式系数　　　　　　　　　　（8.23）

（2）$|m_0(\omega)|^2 = \left(\cos^2 \dfrac{\omega}{2}\right)^N P\left(\sin \dfrac{\omega}{2}\right)$，此处，$m_0(\omega) = \dfrac{1}{\sqrt{2}} \sum_{K=0}^{2N-1} h_k e^{ik\omega}$　　（8.24）

（3）小波函数 $\psi(t)$ 和尺度函数 $\varphi(t)$ 的支集为 $2N$。

8.4.2　低碳钢点蚀声发射信号最大分解尺度选择

材料的声发射信号的频率范围一般为 10kHz 至 1.5MHz，且 90% 以上声发射活动的频率集中在 10kHz 至 550kHz 范围内，能量也主要集中于这个频段内。低碳钢点蚀声发射信号的小波分解最大尺度下的细节信号的频率在 10kHz 附近就能满足低碳钢点蚀声发射信号的分析要求。即对于采样频率为 f_s kHz，其最大分解尺度 J 可以按下式计算：

$$\frac{f_s}{2^{J+1}} \geqslant 10 \tag{8.25}$$

则可得到

$$J \leqslant \log_2 \frac{f_s}{20}$$

对于低碳钢点蚀过程的监测过程，一般使用的探头（或放大器的带通）频率为 30～60kHz，其采样频率一般为 1～1.5MHz，过高的采样率会导致系统的信号阻塞或丢失。从式（8.25）可得出 J 取 7 即满足要求。对于低碳钢点蚀声发射信号的研究，最低频率可以升高至 50kHz 以上，那么 J 的取值为 5 即可。

在信号处理中，取尺度 $s = 2^j$，$j \in Z$ 的二进小波变换。设信号 $f(t)$ 的离散采样序列 $\{f(n), n = 1, 2, \cdots, N\}$。若以 $\{f(n), n = 1, 2, \cdots, N\}$ 表示信号 $f(t)$ 在尺度 $j = 0$ 时的近似值，记 $C_0 = f(n)$，则 $f(t)$ 的离散二进小波变换由式（8.26）和式（8.27）确定。

$$C_{j+1}(n) = \sum_{k \in Z} h(k - 2n) C_j(n) \tag{8.26}$$

$$D_{j+1}(n) = \sum_{k \in Z} g(k - 2n) C_j(n) \tag{8.27}$$

式中 $h(n)$ 和 $g(n)$ 为由小波函数 $\psi(t)$ 确定的一对互补的共轭滤波器，$h(n)$ 为低通滤波器，$g(n)$ 为一高通滤波器。

因而 C_j、D_j 分别称为信号在尺度 j 上的逼近部分（低频）和细节部分（高频）。离散信号 C_0 经过尺度 $1, \cdots, J$ 的分解，最终分解为 $D_1, D_2, \cdots, D_j, A_j$，它们分别包含了信号从高频到低频的不同频带信号。信号的离散二进小波的分解，相当于信号不断经过两个低通和高通滤波器，对其近似部分进行滤波的结果。

对于一步分解，原始信号 $S = A + D$。

对于三尺度分解，原始信号 S 可分解为

$$S = A_1 + D_1 = A_2 + D_2 + D_1 = A_3 + D_3 + D_2 + D_1$$

其三层分解图如图 8.4 所示。如果信号 S 的带宽为 $[0, f]$，则经尺度 $j = 3$ 的小波分解后，A_3 的带宽为 $[0, f/2^3]$，D_3 的带宽为 $[f/2^3, f/2^2]$，D_2 的为 $[f/2^2, f/2]$，D_1 的为 $[f/2, f]$。

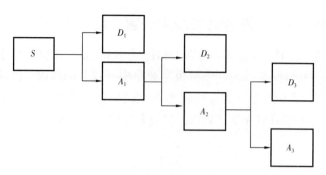

图 8.4　多尺度小波分解图

对于低碳钢点蚀声发射监测过程，当确定了有效点蚀声发射信号，选择适当的尺度为5，对低碳钢点蚀声发射信号进行小波最大尺度分解，提取分解后相应频带的小波系数，经重构即可得出理想的信号波形。低碳钢点蚀声发射监测过程中，采集了多种低碳钢点蚀声发射信号类型，现对三种类型的声发射信号和噪声信号进行小波分解如图 8.5 所示。

信号类型 1 和噪声信号是试件 7 腐蚀 12h 时所采集到的声发射信号，对其进行小波分析，如图 8.5（a）、（d）所示。信号类型 2 和信号类型 3 是试件 2 腐蚀 4h 时所采集到的声发射信号，对其进行小波分析，如图 8.5（b）、（c）所示。图 8.5（a）、（b）、（c）中可以看出尺度 5（细节 D_4）波形与原始信号波形相似，并且尺度 5（细节 D_4）波形特征与点蚀声发射信号波形特征相似，因此，可以利用尺度 5（细节 D_4）作为低碳钢点蚀声发射信号主体，然后剔除其他尺度（细节）信号，其他尺度（细节）信号可能来自外界噪声或者系统电噪声，剔除这部分信号有利于对低碳钢点蚀声发射信号的有效还原。

8.4.2.1　低碳钢点蚀声发射信号的小波去噪

（1）含白噪声信号去噪。

一个受噪声污染的信号可用如下的模型来表示：

$$y(t_i) = f(t_i) + n(t_i) \qquad i = 1, \cdots, N \qquad (8.28)$$

式（8.28）中 $f(t_i)$ 为真实信号，$n(t_i)$ 是期望为 0、方差为 σ^2 的独立同分布的高斯白噪声。

小波去噪就是要剔除 $n(t_i)$ 恢复 $f(t_i)$。正交小波变换有个基本统计结果，即其变换将一个域中的白噪声转换为另一个域中的白噪声。因此，由式（8.28）可得到

$$y_{i,k} = f_{j,k} + \sigma z_{j,k} \qquad j = 1, \cdots, 2^j - 1 \qquad (8.29)$$

式（8.29）中 $y_{i,k}$ 是观察数据（受噪声污染信号）的小波变换系数；$f_{j,k}$ 是真实信号的小波变换系数；$z_{j,k}$ 是噪声的小波变换系数，是一个独立同分布的白噪声；J 是总的分解尺度数。

$n(t)$ 的自相关函数为

$$Rn(u, v) = E[n(u) n(v)] = \sigma^2 \delta(u - v) \qquad (8.30)$$

而

$$\left|Wn\left(s,x\right)\right|^2 = \iint_z n\left(u\right)n\left(v\right)\psi_s\left(x-v\right)\mathrm{d}u\mathrm{d}v \qquad (8.31)$$

则

$$E\left(\left|Wn\left(s,x\right)\right|^2\right) = \iint_z \sigma^2\delta\left(u-v\right)\psi_s\left(x-v\right)\psi_s\left(x-v\right)\mathrm{d}u\mathrm{d}v = \frac{\sigma^2\left\|\psi\right\|}{s} \qquad (8.32)$$

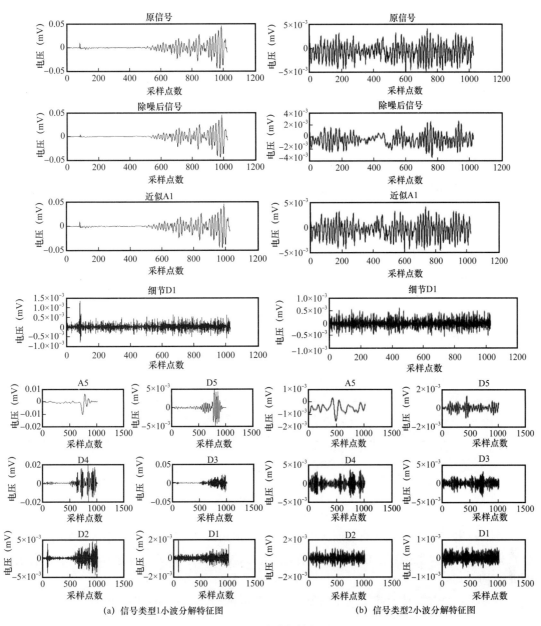

(a) 信号类型1小波分解特征图　　　　　　　　　(b) 信号类型2小波分解特征图

图 8.5　小波分解特征图

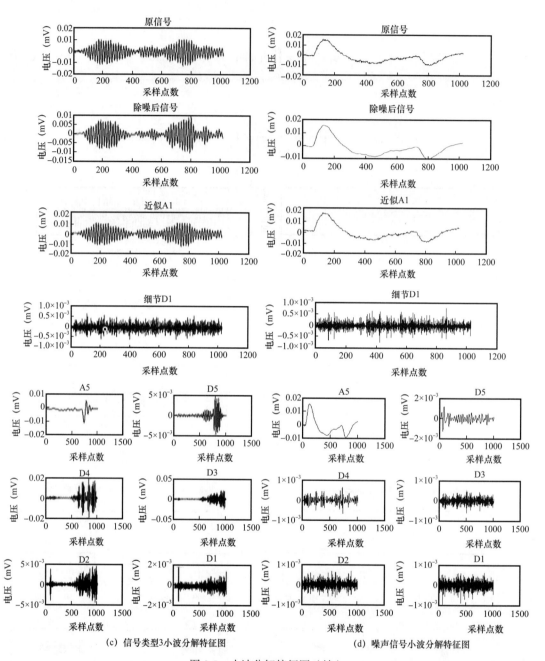

（c）信号类型3小波分解特征图 　　　　　　（d）噪声信号小波分解特征图

图8.5　小波分解特征图（续）

可以看出，随着尺度 s 的增加，$|Wn(s,x)|^2$ 及 $|Wn(s,x)|^2$ 的均值在减小。而原始信号的小波变换的模极大值随着尺度 s 的增加在增加，或至少保持不变，因此，可根据两者的区别进行去噪。

去噪的一个普遍技术就是采用阈值方法，Donoho 和 Johnstone 提出的软阈值和硬阈值规则：

$$T_{soft}\left(y_{j,k},\lambda\right)=\text{sgn}\left(y_{j,k}\right)\text{max}\left(0,\left|y_{j,k}\right|-\lambda\right) \tag{8.33}$$

$$T_{hard}\left(y_{j,k},\lambda\right)=y_{j,k}I\left(\left|y_{j,k}\right|>\lambda\right) \tag{8.34}$$

实现上述规则的关键是选取合适的阈值λ。Donoho 和 Johnstone 提出了 VisulShrink 方法定义的小波阈值：

$$\lambda=\sigma\sqrt{2\lg(n)} \tag{8.35}$$

式中σ可通过观察数据$y(t_i)$，或观察数据的小波系数$y_{i,k}$来估计。

可以使用如下公式来计算：

$$\hat{\sigma}=MAD\{y_{j,k},k=0,\cdots,2^{j}-1\}/0.6754 \tag{8.36}$$

式中$\hat{\sigma}$是对σ的估计，MAD表示中值绝对偏差。

按式（8.34）去阈值时，显然可以剔除一部分噪声产生的小波变换系数，但也存在着把有效信号的小波变换系数中幅值较小者去掉的风险。用硬阈值方法通常重现峰值高度，不连续性更好，但丢失了一些光滑性。用它进行估计的偏差有时可能小于软阈值估计。

在实际应用中不必对所有的小波变换系数进行阈值处理，只需对几个相邻小尺度上的系数进行阈值处理即可，这是因为噪声影响主要是在小尺度上。此时选取一个合适的尺度j_m，然后对尺度 1～j_m 上的系数进行阈值处理。

按照上面分析，可以总结小波阈值去噪方法的步骤如下。

① 选择小波和小波分解的层次N，然后对观察信号进行小波分解，得到小波变换系数$y_{i,k}$。

② 求出阈值λ，其中噪声均方差σ按式（8.36）计算。

③ 依据所选方法和所确定的j_m值，按式（8.33）和式（8.34）求出尺度 1～j_m 上的$\hat{f}_{j,k}$。根据第N层的低频系数和从第一层到第N层的经过修改的高频系数，重构出原信号，即得到了去除噪声后的信号。图 8.6 是用这一算法来检测小波对一个仿真信号的消噪效果。原始信号如图 8.6（a）所示。图 6.6（b）是一个迭加了随机白性噪声的突变信号，对此信号用前面提到的 daubechies 小波基（db16）进行 5 尺度下变换后再用上述消噪算法剔除噪声后重建，如图 8.6（c）所示。可见降噪效果是比较明显的，噪声得到了很大的抑制，而信号本身的突处并没有被平滑掉，大大提高了信号的信噪比。而传统的利用傅里叶变换进行消噪的效果远没有小波消噪的效果好，如图 8.6（d）所示。图 8.6（c）和图 8.6（d）的比较中，可以看出：用小波进行信号的消噪可以很好地保存有用信号的尖峰和突变部分；而用傅里叶分析进行滤波时，由于信号集中在低频部分，噪声分布在高频部分，所以可用低通滤波器进行滤波。但是，不能将有用信号的高频部分和由噪声引起的高频干扰加以有效的区分。若低通滤波器太窄，则在滤波后，信号中仍存在大量的噪声；若低通滤波器太宽，则将一部分有用信号当作噪声滤掉了。因此，小波分析对信号消噪有着傅里叶分析不可比拟的优点。

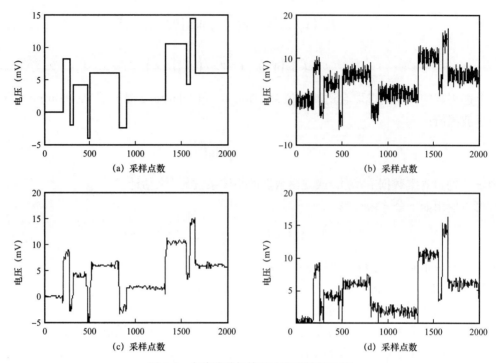

图 8.6　小波消噪与傅里叶消噪结果比较

图 8.7 给出了一个点蚀声发射信号的处理结果。图 8.7（a）是在 $10\%FeCl_3 \cdot 6H_2O$ 腐蚀溶液中进行实验时探测到的典型低碳钢点蚀声发射信号，为了验证上述消噪方法的正确性，将图 8.7（a）中的点蚀声发射信号叠加了随机白噪声，其叠加后的波形如图 8.7（b）所示，此时的波形已看不出具有明显的腐蚀声发射信号特征，如果在实验中采集到这样的信号，很有可能将其误认为是噪声信号，而将其忽略，从而给数据分析带来误差，为此要对这样的信号进行消噪。利用上述的消噪方法，按前文的研究结果选择 Db16 小波基对图 8.7（b）中的信号进行消噪，其小波降噪算法后的重建波形如图 8.7（c）所示。从处理结果来看，经小波分解后再用降噪算法处理，信号的噪声大大地降低，降噪后的波形又突显了点蚀声发射信号的典型特征，具有明显的弯曲波和扩展波成分，并具有一定的衰减性。

（2）含非白噪声信号去噪。

对于实际检测到的声发射信号，一般都含有各种噪声，这些噪声并不都满足假设。处理这类噪声，首先要采集噪声，分析其特点。分析的手段同样采用小波多尺度分解，并辅以傅里叶变换的谱分析，找出有效信号的主频带和噪声信号的主频带，这样可以对小波分解后噪声所在频带的系数置零，然后重构信号就可以去除干扰。

例如，在测试过程中，由于电源电压的波动、静电干扰等的影响，有时会对测试信号造成干扰，这些干扰常常是低频干扰，如图 8.8（a）所示，该信号是在 3.5%NaCl、pH=2 溶液中进行试验时，当试件 4 刚放入溶液中时采集到的，这时腐蚀还没有开始，此时采集

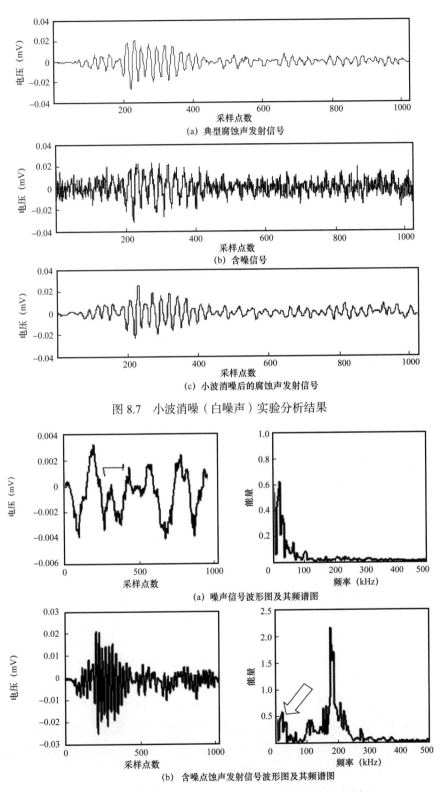

(a) 典型腐蚀声发射信号

(b) 含噪信号

(c) 小波消噪后的腐蚀声发射信号

图 8.7 小波消噪（白噪声）实验分析结果

(a) 噪声信号波形图及其频谱图

(b) 含噪点蚀声发射信号波形图及其频谱图

图 8.8 低碳钢点蚀缺陷声发射信号 + 低频干扰的实验分析

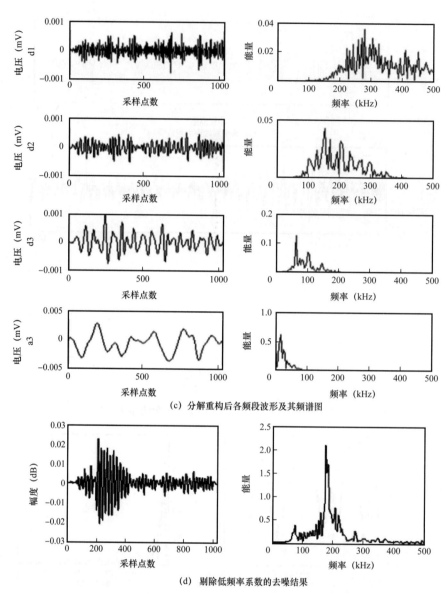

（c）分解重构后各频段波形及其频谱图

（d）剔除低频率系数的去噪结果

图 8.8　低碳钢点蚀缺陷声发射信号＋低频干扰的实验分析（续）

到的信号是系统噪声。图 8.8（b）为腐蚀进行到第 2 天时采集到的信号。从其频谱图中可以看出，图 8.8（b）的信号中掺杂了低频干扰，干扰噪声的频率主要集中在 100kHz 以下（箭头所示），而该信号的主频带为 125～250kHz，为此，首先对其进行三层小波分解，分解重构后的各频段波形及频谱图如图 8.8（c）所示，从图中可以看出，第三层的低频信号 a3 为明显的噪声信号，故对其所在的频道（即低频）系数置零，从而达到消噪的目的。图 8.8（c）是剔除低频系数的小波去噪结果，可以看出，通过上述方法可以有效地剔除低频干扰，使得重构后的信号能更好地反映腐蚀声发射信号的实际情况。当然，也有少部分宽谱噪声，所以应分析各种噪声的频谱特性，了解其分布规律就可以有针对性地消除。由于声发射信号的能量主要集中在某些频带，其频带在 40～500KHz。所以主要着重于特定频带的信号分析，这同时也是一种过滤噪声的有效手段。在多尺度分析中，每个尺度的信号都表示一定频率范围内的信号，对特定频带外所有尺度的信号全部置零，然后对信号进行重构。重构的信号又过滤了大部分非白噪声。

从实验结果可以看出，用上述方法对点蚀声发射信号进行去噪，这里的噪声不仅可以是白噪声，而且还可以是非白性噪声，只是对它们采取不同的消噪方法，最后取得的效果都很好，能够有效地抑制噪声，达到了消噪的目的，而且保证了绝大部分的金属点蚀声发射信号没有丢失，凸显了信噪比。

8.4.2.2 低碳钢点蚀声发射信号的小波特征提取

（1）能量系数特征提取。

对于采集到的低碳钢点蚀声发射信号，首先按照上述给出的降噪算法，对信号进行降噪处理，然后对特定频带范围内的信号进行重构。若降噪后离散的声发射信号 $f(n)$ 经过 J 个尺度的小波分解可分解为 $J+1$ 个频率范围的细节信号和近似信号，声发射信号与细节信号和近似信号的关系可以用下式来表达：

$$f(n) = A_J f(n) + D_J f(n) + D_{J-1} f(n) + \cdots + D_1 f(n) \tag{8.37}$$

与传统的声发射能量参数的定义相类似，能量正比于声发射波形的面积，对于小波分解后各个尺度下重构的细节信号的近似信号，能量也可以用下式来表达：

$$E_J^A f(n) = \sum_{n=1}^{N} \left(A_J f(n) \right)^2 \tag{8.38}$$

$$E_j^D f(n) = \sum_{n=1}^{N} \left(D_j f(n) \right)^2, j = 1, 2, \cdots, J \tag{8.39}$$

则信号的总能量是最大尺度下近似信号和所有尺度下细节信号的累加：

$$Ef(n) = E_J^A f(n) + \sum_{j=1}^{J} E_j^D f(n) \tag{8.40}$$

小波分解的每个尺度对应的是信号中不同频率范围内的分量，每个尺度的能量与信号的频谱分布有关系。本节把每个小波分解的能量与总能量的比值定义为信号的小波能量分布系数：

$$R_j(n) = E_j^D f(n) / Ef(n), j = 1, 2, \cdots J, R_0(n) = E_J^A f(n) / Ef(n) \tag{8.41}$$

式（8.41）的物理意义是表征信号的能量特征在不同频带上的分布比例。信号在不同频带上的能量分布不同，必然是由于信号中包含有不同的信息造成的。对于低碳钢点蚀声发射信号而言，则是由声发射源的不同特征而造成的。可以选择小波能量分布系数来表征声发射源的特征。

声发射信号的特征提取是关系到整个模式识别最关键的环节，只有找到各种模式的不同特征才能达到良好的识别效果。声发射信号在小波分解各个尺度的信号能量分布系数就可以构成声发射源特征向量 $R = \{R_0, R_J \cdots R_1\}$。按前面的最大尺度选用原则，一般构成这个特征向量 6 个元素左右。对某些识别模式总数较少而且各模式之间差别比较明显的检测对象，能够很好地满足应用要求。对低碳钢点蚀产生的声发射信号运用能量分布系数就能很好地将其特征表现出来。图 8.28 是对低碳钢点蚀实验过程产生的声发射信号进行能量系数分析的结果。试验的声发射检测系统采用 PCI-2 全波形检测系统，传感器及放大器都采用宽带，采集卡的采样率设为 2MHz，采样长度为 4k，根据有关文献，下限频率取 50kHz 能满足要求。按照前述最大尺度选用原则和计算公式，最大分解尺度 J 选 5，则对应特征向量 $R = \{R_0, R_5, R_4, R_3, R_2, R_1\}$ 对应着尺度 5 分解得到的细节信号的频率范围分别为：$[0, 31.25]$，$[31.25, 62.5]$，$[62.5, 125]$，$[125, 250]$，$[250, 500]$，$[500, 1000]$。尺度 5 的近似信号频率范围为 $[500, 1000]$，高于讨论的上限频率，所以并未考虑。对于按上限频率计算最大分解尺度，小波能量分布系数构成的特征向量可以将 R_0 去除，使特征向量简化为 $R = \{R_J \cdots R_1\}$。对图 7.5 中的四种信号类型进行能量系数特征提取如图 8.9 所示。

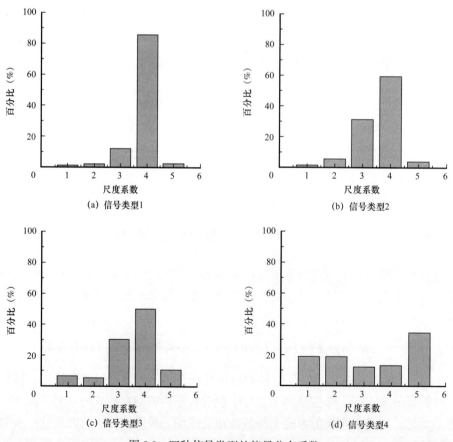

图 8.9　四种信号类型的能量分布系数

从图 8.9 中可以看出，低碳钢点蚀产生的主要四种类型声发射信号的小波能量分布系数有明显的差异。信号类型 1 和信号类型 2 两种模式的声发射信号其能量分布的范围与腐蚀信号类似，但是相对分散一些，主要集中在尺度 3 和尺度 4 频带范围内，在这个范围内连续型信号偏低频率信号的能量所占的比重相对大一些，而信号类型 1 的偏低频率的能量所占的比重要小一些，如图 8.9（a）和图 8.9（b）所示。而信号类型 3 则相反，以高频信号为主，80% 以上的能量存在尺度 3 和 4 的频率范围内，62.5～250kHz 频率范围内的声发射信号占绝对的优势，这是此类模式典型的特征，如图 8.9（c）所示。信号类型 4 的能量主要集中在尺度 1、尺度 2 和尺度 3 的低频信号段，125kHz 以下的信号能量占整个信号能量的 50%，但是在［250kHz，500kHz］之间的高频段仍然有大量的声发射信号，如图 8.9（d）所示。

从上面的分析，可以看出通过能量系数提取声发射信号特征的方法很直观。为达到更好的识别效果，可以采用以下步骤获取更详细的特征：

对原始信号进行小波降噪处理。

对点蚀声发射信号按计算的最大尺度进行 db16 小波分解并计算出各细节信号的能量分布系数。

对信号的关键频带内的信号进行重构，同时设置重构的门槛值，即能量分布系数小于 5% 所在尺度的信号将被略去。主要目的还是为了降低噪声，这些低能量组分的信号很有可能是由各种噪声引起的。即使是有用信号，由于其含量较低，不会对整个特征域带来很大影响。

由这些保留了的各尺度上的信号重构原信号。

将这些信号进行频谱分析。对占 90% 以上能量的频带［60kHz，500kHz］每隔 5kHz 进行分割，一共分成 38 块，并计算每一个小区域的能量分布系数。

利用能量系数特征提取，提取低碳钢点蚀声发射信号的能量系数特征，可以有效地对腐蚀声发射信号进行模式识别。

（2）频谱分析特征提取。

能量系数特征提取并不能完全对低碳钢点蚀声发射信号进行定性识别，不同的声发射信号具有不同的时频特性，时频特性是该声发射源本质的声发射源本质的映射。需要对低碳钢点蚀声发射信号的能量系数所占比例最大的尺度进行频谱分析。

对于采集到的低碳钢点蚀声发射信号，首先按照上述给出的降噪算法，对信号进行降噪处理，然后对关键频带范围内的信号进行重构。降噪后得到的离散声发射信号，经过 5 个尺度的小波分解可分解为 6 个频率范围的细节信号和近似信号。

与传统的声发射频率参数的定义相类似，对于小波分解后各个尺度下重构的细节信号的近似信号，对一个 N 点序列 $x(n)$，按定义，其离散傅里叶变换为其频率，也可以用下式来表达：

$$X(k) = DFT\big[x(n)\big] = \sum_{n=0}^{N-1} x(n) W_N^{nk} \tag{8.42}$$

一般来说 $x(n)$ 和 W_N^{nk} 都是复数，$X(k)$ 也是复数。

快速 FFT 算法的基本原理是把计算长度为 N 的序列的 DFT 逐次地分解为计算长度较短序列的变换，再利用系数 W_N^{nk} 的周期性和对称性，使 DFT 运算中的有些项加以合并，达到减少运算工作量的效果。

小波分解的每个尺度对应的是信号中不同频率范围内的分量，每个尺度的能量与信号的频谱分布有关系。信号在不同分解尺度上对应的频带分布不同，必然是由于信号中包含有不同的信息造成的。对于低碳钢点蚀声发射信号而言，则是由点蚀声发射源的不同特征而造成的。可以选择频带分布系数来表征声发射源的特征，这些频带分布系数可以构成一个向量，输入训练好的神经网络可以进行声发射源的模式识别。

通过分析低碳钢点蚀声发射信号特征及声发射信号中常见的噪声特征，在此基础上，分析目前小波分析中常用的小波基的特点，研究低碳钢点蚀声发射信号小波分析的小波基选取规则方法。从众多常用的小波基中选取适合于低碳钢点蚀声发射信号小波分析的小波基；对小波分析在实际的低碳钢点蚀声发射信号处理中的几个关键问题进行研究，重点研究利用小波分析对低碳钢点蚀声发射信号的特征进行分析和处理的问题。

通过分析研究得出如下结论。

① 对目前工程上常用的小波基特点进行了全面的分析，并结合腐蚀声发射信号的特点及工程中对声发射源识别的需要，确定出 Daubechies 小波族的 Db16 和 Db18 小波是最适合于低碳钢点蚀声发射信号分析的小波基。

② 给出低碳钢点蚀声发射信号的小波降噪（白噪声）算法。通过对信号的小波分解，提取每层的分解系数。再对其进行阈值量化处理，最后重构出波形，从而达到消噪的目的；通过仿真实验验证了该算法的可靠性，实验结果证明它对声发射信号具有良好的去噪效果，小波分析有着传统傅里叶分析不可比拟的优点。

③ 利用小波变换对信号中非白噪声进行抑制，通过小波的多分辨率分析将含噪腐蚀声发射信号展开在不同的尺度上，在确定出有效信号的主频带和噪声信号的主频带基础上，将小波分解后噪声所在频带的系数置零，然后重构信号，从而达到对非白噪声消噪的目的。

小波技术用于低碳钢点蚀声发射信号处理，结果可靠。可用来开展以下工作。

① 去除背景干扰，小波强大分解（细化）能力可用来从高噪声中找出有效记录，分解合成时可以去掉不理想的通道，使声发射数据达到"规则化"要求，实现自动判读。同时在减少实验对环境的依赖上将会发挥重要作用。

② 对相互叠加的事件进行有效分离，结合全波形记录，可使事件尽可能少的丢失，提高声发射数量统计及 b 值计算等的精度。

③ 可把成分复杂的声发射波形数据分解成具有单一特征的波。

8.5 漏磁检测原理

8.5.1 漏磁场的形成

漏磁探伤是将检测的探头紧贴与工件表面移动，当探头通过被均匀磁化的工件的缺陷处时，由于探头检测到的磁通量发生变化而产生感应电动势，通过感应电动势的变化而发现缺陷的一种漏磁探伤法。对于磁性物体的检测均可以使用漏磁探伤的方法进行检测，如图 8.10 所示。

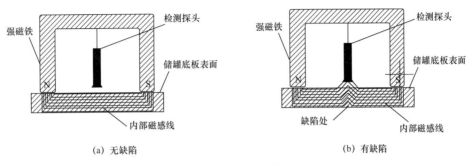

(a) 无缺陷   (b) 有缺陷

图 8.10　漏磁检测原理图

不同铁磁材料的磁化曲线是不一样的，软磁材料的磁化曲线比较陡峭，随着磁场强度的变化，磁感应强度的变化率较小，说明这种材料易于磁化；硬磁材料的磁化曲线比较平坦，随着磁场强度的变化，磁感应强度的变化率较为明显，说明这些材料不易于磁化。

常见的铁磁材料的磁化曲线如图 8.11 所示，a 点为磁导率 μ 最大点，b 点为磁感应强度 B 最大处。由图可知，在接近磁饱和点 b 的时候，磁场强度增加，磁感应强度基本不变。

当均匀的磁化一块有着内部无缺陷或夹杂物光滑表面并且无裂纹的铁磁性材料后，其磁路理论上由几乎全部通过铁磁材料内部的磁通与极少数的漏磁通构成；若存在缺陷，缺陷区域处的厚度偏薄，磁场密度比较大，所以缺陷处的磁阻偏大，此时的磁路由一部分通过材料内部的磁通和一部分漏磁通构成，即磁通会在缺陷处发生较为明显的畸变。

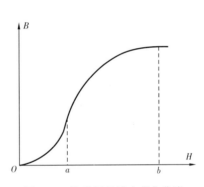

图 8.11　铁磁材料基本磁化曲线

畸变磁通分为三部分：第一部分的磁通会直接由缺陷部分的介质穿过缺陷处；第二部分的磁通会沿着缺陷周围的铁磁材料绕过缺陷处；第三部分的磁通则脱离铁磁材料表面，借由其他的介质绕过缺陷处。第三部分的磁通即为探头能直接检测到的漏磁通。

8.5.2　检测励磁方式

检测装置的可操作性和检测性能主要取决于励磁方式的选择，国内外在励磁方式的选择上主要分为下列几种，从中挑选出一种最适合的方式作为机器人的检测方式。

8.5.2.1　永磁励磁

永磁励磁是利用永磁体对被测工件进行磁化，其优点是磁化过程中不需要使用电源。

永磁体磁化方式对于工件磁化的强度方面不如直流励磁方式，但如果能达到磁化任务的基本要求，也可以选择永磁励磁方式作为励磁方式。

8.5.2.2 直流励磁

直流励磁方式利用电磁感应的原理，一般使用通电线圈等方式磁化铁磁材料构成电磁铁，其优点是直流励磁法可以通过改变电流大小和方向对磁化的强度和方向进行调节。这种励磁方式适合探测构件内部和工件厚度较厚的缺陷，不足之处就是由于需要长时间通过较大电流，导致设备会大量发热对于爬壁机器人其他设备有所影响。

8.5.2.3 交流励磁

交流励磁的原理也是利用电磁感应产生激励源。其与直流励磁不同点是使用通入交流电流作为电磁铁的励磁源，交流励磁的优点是不受试件表面粗糙程度的限制，所以适合检测面积较大的工件。但是由于交流电流产生的磁场有着涡流效应与集肤效应，导致电流的强度难以控制。

8.5.2.4 复合励磁

复合励磁是基于直流励磁和永磁励磁检测方法的一种新励磁方式，将直流励磁和永磁励磁结合，既可以用永磁体磁化被测构件，也可以通过控制励磁电流的大小或者流向等方式对被测构件的磁化强度进行加强或者削弱。既缓解了长期通电造成的发热损耗，也克服了永久励磁磁化强度不足的缺点，对于不同厚度的罐壁有着良好的适应能力，所以选择复合励磁方法作为罐壁检测的励磁方式。

8.5.3 磁性材料的选择

在设计漏磁模块的过程中，在保证励磁能力符合漏磁检测的基本目标的同时，尽量使用性能优越、较为轻巧的励磁结构。使用高磁能积、高磁导率的铁磁材料来提高相同条件下的磁感应强度，通常使用的有铝镍钴永磁材料以及稀土永磁材料，稀土材料中的钕铁硼永磁铁受温度影响较低，具有高磁能积、高磁导率的特点。

磁路中除了励磁材料以外，还需要导磁材料的存在。导磁材料是为了连接永磁材料和被测物体而存在的，可以大幅减少磁路中的磁阻，加强被测物体的磁感应强度，为漏磁探伤提供了良好的磁路环境。

8.5.4 漏磁检测探头结构设计

对于漏磁检测设备来说，探头是一个非常重要的设计部分，探头的作用是准确检测出漏磁场强弱，将磁场强弱量转化成电压、电流量，再将电压、电流模拟量转化成数字量，最后将数字量传给上位机储存并处理。

检测漏磁场的元件一般分为两种：一种是线圈，另一种是霍尔元件。线圈检测漏磁场是通过线圈来收集漏磁场信号，当经过缺陷时，该处的漏磁场强度发生较为明显的变化，电磁感应使得线圈中产生等比例的感应电动势，根据这种电动势的大小等特点来判断缺陷的大小和位置的检测手段，这种探伤法适合检查容易被磁化钢管制件。霍尔元件的检测原理利用霍尔效应进行漏磁场的测量，霍尔效应指通电导体在磁场中将受到磁感应力的作用，在导体内产生电动势能，将磁信号转化成为电信号，实现检测目的。

对于储罐罐壁，应选择霍尔元件作为检测元件。由于霍尔元件检测输出的模拟信号电压太低，所以要先进行电压放大才能继续下一步的信号处理工作。电压放大后，经过滤波电路初步去除杂波，将模拟信号输入到模数转换器中转化成数字信号输出。

8.6 漏磁检测的发展

8.6.1 国外发展状况

漏磁探伤磁场的基本原理是外加磁场到将要磁化的铁磁材料中，缺陷中形成漏磁场，并通过磁传感器收集的漏磁场信息对缺陷进行评估。因此，漏磁探伤的理论实际上是对磁通量泄漏的研究。1966 年，Zatsptin NN 和 Scherbinin VE，首次做出了磁偶极子模型，开启了无限裂纹面的漏磁场计算。该模型可以解释实验现象，并从相关缺陷的角度研究带缺陷的轮廓参数对漏磁的重要影响。1972 年 Palaer 和 Edwards 推导了有限长度开口的三维泄漏磁场解析表达式，其计算结果表明：材料的相对磁导率大于缺陷的纵横比并且缺陷剖面与漏磁场的强度呈线性比例。Scherbinin 和 Pashagin 利用表面偶极子模型推导出三维漏磁场实验的矩形截面解析表达式，实验表明：磁性特征缺陷宽度不均匀分布的电荷密度比表面缺陷边缘比中心缺陷磁荷密度大。Ko 和 Francis 利用二维磁偶极子模型推导了横截面缺陷漏磁的解析表达式，结果表明：缺陷深度与磁荷密度呈线性关系。Mandached 将推导出的缺陷漏磁场解析表达式应用于孔洞中，并扩展磁偶极子模型应用范围。Forster 推导了缺陷轮廓参数，并计算了外加磁场的强度和相对磁导率与磁荷电荷密度的关系，结果表明：随着缺陷深度的增加，漏磁场分量 X 方向将呈线性增加，也证明随着缺陷宽度的增加，内部缺陷的磁场强度将减小。由于矩形截面漏磁场的解析表达式假设缺陷轮廓截面为矩形，沿表面缺陷长度方向的磁荷电荷密度是恒定的，实际轮廓形状存在不规则性的缺点，S.Lukyanct 和 A.snarskiil 等推导出光滑边缘缺陷解析式对漏磁场进行分析，在一定程度上削弱了上述假设。Kopp.G 和 Willems.H 提出了一种改进的磁偶极子模型来考虑外部和外部泄漏信号对表面缺陷的影响，该模型可用于评估缺陷的长度和宽度。

虽然在帮助人们了解磁偶极子模型泄漏磁场的缺陷方面发挥了重要作用，但是由于现实电磁场的复杂性，磁偶极子模型也存在的明显缺点：一是简化了磁荷的分布表面缺陷不均匀，根据成体材料分布和磁性能的差异，由于磁荷内壁的缺陷和外壁分布不均匀，所以不能通过解析式来描述；二是磁偶极子模型只能用于简单形状的缺陷计算，而对现实中的形状缺陷是不可计算的。三是在铁磁材料外加磁场下，外磁场强度和磁感应强度呈非线性，因此，必须考虑材料的非线性，且该模型不具备处理非线性铁磁材料的能力。为了解决磁偶极子模型的缺陷，往往需要借助相互作用的麦克斯韦方程组来描述漏磁场，然而该方程组为电磁场矢量偏微分方程，在相应的边界条件方程中求解较为困难，因此需要采用有限元方法来计算漏磁场分布。

有限元方法主要是通过构造电磁矢量偏微分方程等价的能量函数，将离散区域和能量最小化问题转化为求解每个网格节点的矢量磁位作为未知量的代数方程组，所以这种方法是数值的个数是基于漏磁场的计算来计算整个场分布中的缺陷，不是基于简单的假设来计算磁荷分布。在有限元分析中，对几何形状不规则的缺陷，采用不同形状和大小的单元进行逼近，同时要获得一定磁场作用下漏磁场分布不同的缺陷下，相对于磁偶极子模型分析方法具有明显的优势。1975 年，Lord 和 Hwang 将有限元法（FEM）引入到漏磁场的计算中，并首次将材料内部的磁场强度，磁导率和漏磁场幅度联系起来，是解决非线性有限元计算的缺陷和漏磁场数值的复杂轮廓的唯一可行的方法，他们对裂纹宽度和深度的漏磁场效应具有不同角度和形状的缺陷进行了详细分析。Forster 用实验验证了 Lord 和 Hwang 的研究内容，并对缺陷漏磁裂缝宽度的影响进行了修正。Atherton 开发了专门的管道检测装置，研究了缺陷相互作用产生漏磁场分布，缺陷大小与磁漏信号之间的关系。

Katon M 等采用数值方法研究了磁化间隙和试件厚度对缺陷漏磁场分布的影响。Jansen 等人研究了钢板磁场强度与缺陷漏磁场大小的关系，分析了提离值对漏磁探伤的影响。Atherion 研究了压力下的管道漏磁探伤过程。结果表明，管道压力对漏磁场影响不大。Mitsuaki Katoh 等人采用有限元方法研究了缺陷尺寸对标准样品漏磁场的影响。Mingye Yan 等人利用有限元法计算天然气管道缺陷的漏磁场，其后 Sunho Yang 等考虑管道磁化强度和探伤器在管道材料的速度以及漏磁场的影响性能相关因素，推导出漏磁场偏微分方程的表达式，以及数值计算。F.I.AI–Naemi，J.P.Hall，A.J.MOSeS 在使用有限元法的条件下，对静态磁场条件下采用 2D 和 3D 模型对漏磁场信号进行了分析，计算结果表明通过有限元方法在相同的条件下用 3D 模型可以获得较高的精度，在验证分析阶段可用 2D 模型计算。E.lawa 等分析探伤探头的类型和提取值参数对漏磁场分布的影响。

8.6.2　国内发展状况

在这方面国内的研究相对较晚。在 Yong Li，Gui Yun Tian，Steveward 等对探头相对钡管高速运动的漏磁场的轴向分量分布情况进行了仿真分析。李路明等人采用矩形槽缺陷宽度变化的数值计算方法，研究了磁场分布和管道磁化效应和垂直分量泄漏缺陷的变化，使用漏磁场垂直分量的信息得到裂缝宽度参数。同济大学吴先梅等对矩形、梯形、尖型管道漏磁场进行有限元模拟，进一步了解这些缺陷的漏磁场分布。汪友生、何铺云等通过用漏磁信号分析出实验数据（振幅）和缺陷深度和宽度以及倾斜角有一定的函数关系。Weihua Mao 分析了相邻阵列腐蚀缺陷情况下漏磁场效应，并用三维有限元数值模拟方法分析相邻腐蚀缺陷相互作用，分析结果表明：漏磁通密度分布受邻近腐蚀缺陷的影响，并对漏磁信号幅值产生相应的影响。Yong Li，John wllson，Gui Yun Tian 等对三维有限元缺陷漏磁场分布分析，并通过实验方法验证显示漏磁场的三维漏磁场分量（水平、垂直和法分量）能对缺陷的位置和形状判定提供了有用的信息。闫华健、易华康等结合实验分析的有限元仿真确认单轴条件下可以检钡1管道上的任意方向伤，所以线性扫描方法可用于测试，设计出相应的探伤设备，能有效地解决高速无缝管或超快速探伤问题。仲维畅对有限长度、偶极子的漏磁场分布的相关研究采用磁偶极子模型。刘志平等人使用三维数值分析大型钢漏磁探伤过程的局部磁化效果进行研究，证实了采用局部磁化的方法对钢板进行检测的可行性。何辅云采用有限元分析方法研究了漏磁场分布的影响，并提出了附加管道漏磁探伤方法，验证该方法使用的可行性。

中国首次进行漏磁检测技术的相关研究是在 20 世纪 90 年代初，欧美等发达国家总体技术领先于中国。近些年，储罐安全运行越来越受到国家的重视。1996 年廊坊管道局从国外引进了一台采用线圈传感器，多通道同时工作，检测结果直接打印在纸带上，可全面快速地检测罐底腐蚀的漏磁型储罐罐底检测推车。实际生产中表现的效果良好，国内储罐检测以此获得了有益的经验。2003 年，一台能够在生产现场获得应用和推广的石化储罐底板腐蚀漏磁检测仪被东北石油大学声发射与结构完整性评价实验室成功研制开发。现如今计算机软硬件和漏磁理论快速发展，漏磁检测设备的结构与功能不断优化、完善。因此，基于国内漏磁检测技术发展水平，不断学习国外最新的资料，借鉴国产化设备和进口设备的研制经验，依托于最先进的计算机软硬件技术，以理论和仿真为指导进行实际检测。高起点、低投入，才能逐渐研制出具有性能更高、更适应中国石油化工行业需求的储罐漏磁检测设备。

8.6.3　发展趋势

目前新型的储罐漏磁检测装置具有以下特点和发展趋势：

（1）新型钕铁硼稀土永磁材料在励磁装置中得到应用，单位面积的励磁强度相对提高。

（2）小型化的结构成为发展趋势，体积更小，重量更轻，转向更灵活，才能满足现场使用的需要。

（3）传感器检测能力显著提高，检测时使用的传感器数增加，体积却随之减小。

（4）先进的计算机漏磁场分析和仿真技术被应用于漏磁检测装置的优化设计中。

（5）具有智能化数据采集、处理、分析的先进储罐安全管理系统被开发，同时漏磁检测软件的用户界面也开始越发友好。

（6）涡流检测、超声检测等无损检测方式也开始作为辅助检测手段被加入漏磁检测装置中，从而加强了装置的功能以及检测精准度。

（7）为了消除或减少检测盲区，漏磁检测装置不再局限于简单的结构，越来越多的手持型、爬壁型产品被相继研发出来。

8.7 漏磁检测有限元仿真

8.7.1 有限元方法理论

随着现代电子计算技术的发展，数值分析法慢慢转变出一个新的方法理论，即有限元分析法。该方法是以积分原理为基础，分割一个完整的函数成为相互独立的函数域，再在每个函数域中使用类似的函数来替代原方程得到一个关于原函数类似的方程组，然后这个方程组进行联立求解，进而获得原函数的近似值的方法。为了简化计算，由于漏磁检测系统本身具有对称性，可以将三维静态磁场计算转化为二维静态磁场计算，由麦克斯韦方程组可得

$$\nabla \cdot H = J \tag{8.43}$$

$$\Delta \cdot B = 0 \tag{8.44}$$

$$B = \mu H \tag{8.45}$$

式中，H 为磁场强度，B 为磁感应强度，J 为电流密度，μ 为相对应介质的磁导率。

由于式（8.44）中磁感应强度的无散性，可以引入矢量磁势 A，有

$$B = \nabla * A, \nabla * A + 0 \tag{8.46}$$

由式（8.43）、式（8.45）、式（8.46）可得：

$$\nabla \cdot \frac{1}{\mu} \nabla \cdot A = J \tag{8.47}$$

在三维的坐标系中，假定矢量磁势只有轴坐标分量，而且磁感应强度在 rz 平面内，则

$$B_r = -\frac{\partial_A}{\partial_B}, \ B_Z = \frac{1}{r} \cdot \frac{(rA)}{\partial_r} \tag{8.48}$$

对于轴对称结构，式（8.47）可以简化成：

$$\frac{\partial}{\partial_r} \left[\frac{1}{r} \frac{\partial}{\partial_r} (rA) \right] + \frac{\partial^2 A}{\partial_z^2} = -\mu J \tag{8.49}$$

有限元方法并不会直接求解出上列公式，而是通过建立一个与式（8.47）等价的能量泛函数，同时在一个近似的函数空间对这个泛函数求其极小值，对应的问题就可以转化为

$$F(A) = 2\pi \iint_X \frac{1}{2\mu} B^2 r \mathrm{d}r\mathrm{d}z - 2\pi \iint_X JAr\mathrm{d}r\mathrm{d}z + 2\pi \int_{l2} \frac{1}{\mu} \left[\frac{1}{2} fA_1^2 - fA_2 \right] e\mathrm{d}l = min \tag{8.50}$$

$A|_{L1} = 0$，在加强边界上；$\dfrac{\partial A}{\partial z} = 0$，在齐次自然边界上；$\dfrac{\partial A}{\partial r} + f_1(p)\big|_{L2} = f_2(p)$，在非齐次自然边界上。式中，$f$ 为源或者激励函数，$L1$ 和 $L2$ 为求解区域的边界，S 为求解磁场的区域，p 为边界条件决定的磁位。

如果采用三角形来划分求解区域时，在任意的三角形 e 中，磁势可用下式来表达：

$$A = a_1 + a_2 r + a_3 z \tag{8.51}$$

相应的磁势的基函数展开为

$$A^e = A_i N_i^i + A_j N_j^e + A_k N_k^e \tag{8.52}$$

对于积分问题离散化，用求解极值问题的方法可以得如下结果：

$$[K][A] = [P] \tag{8.53}$$

用此算法求解可以得到范围内每一点的磁势，得出磁感应强度。

8.7.2　磁化结构在静止状态下的缺陷漏磁场分析方法

通过 ANSYS 的后处理部分来查看计算结果，从而判别和验证有限元分析是否正确。对于电磁场分析来说，它的主自由度是矢量磁位 A，而磁通量密度 B 和磁场强度 H 均是由主自由度矢量计算得到的，通常被称为导出数据。ANSYS 在计算出模型每个节点的主自由度后，会利用相应的物理公式计算各节点的导出数据。ANSYS 在三维磁场计算的后处理中提供了磁感应强度和磁场强度的等值云图、矢量图等多种查看方法，并可以通过路径操作，将结果数据映射到模型中用户指定的路径上来，进而观察路径上相应结果项的分布状态和规律。

为了能够进一步观察缺陷周围漏磁场的分布情况，对缺陷附近的漏磁场分布情况进行了局部放大（图 8.12 至图 8.15）。从图中可以很清晰地看出缺陷附近漏磁场的分布情况，同时还可以看到漏磁场在平板两侧均存在，并随着与缺陷中心距离的减小而增大。

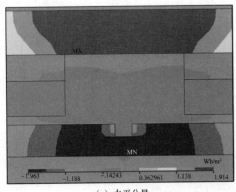
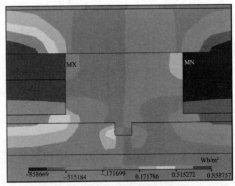

(a) 水平分量　　　　　　　　　　　　　　　(b) 垂直分量

图 8.12　磁通量密度水平分量和垂直分量分布

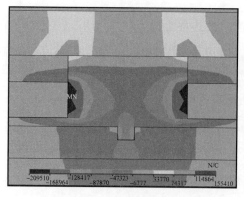

(a) 水平分量　　　　　　　　　　　　　　(b) 垂直分量

图 8.13　磁场强度水平分量和垂直分量分布

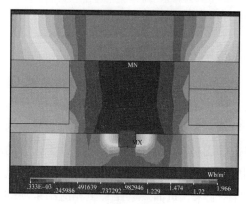

图 8.14　总磁通量密度分布

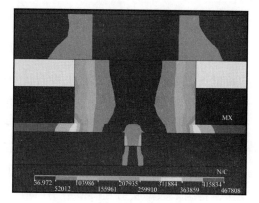

图 8.15　总磁场强度分布

8.7.3　磁极漏磁场对有限元分析结果的影响

当腐蚀缺陷的尺寸相对于两磁极之间的距离较小、两磁极对分析结果的影响可忽略不计时，采用磁化结构在静止状态下的分析方法得到的缺陷漏磁场分布图比较接近实际的漏磁场分布。但当缺陷尺寸较大，磁极对磁场的影响不可忽略时，采用该方法得到的漏磁场空间分布与实际漏磁场分布存在一定的误差。

图 8.16 是缺陷在靠近磁极一侧时磁场强度分布云图，图 8.17 是缺陷在磁化结构中心时磁场强度分布云图。图 8.18 是缺陷在靠近磁极一侧时磁通密度分布云图，图 8.19 是缺陷在磁化结构中心时磁通密度分布云图。图 8.20 是缺陷在靠近磁极一侧时缺陷漏磁场曲线，图 8.21 是缺陷在磁化结构中心时缺陷漏磁场曲线。

从图 8.16 至图 8.21 可以明显地看出磁极对缺陷漏磁场的大小和空间分布均有非常大的影响。如果缺陷比较大，在靠近磁极侧，采用这种计算方法就会产生严重的失真。

8.7.4　磁化结构在移动状态下的缺陷漏磁场分析

相对磁化结构在移动状态下的分析方法来说，在静止状态下的分析方法具有建模方

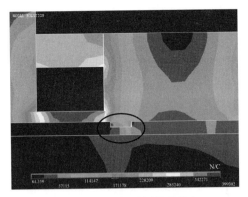

图 8.16 磁极侧磁场强度分布

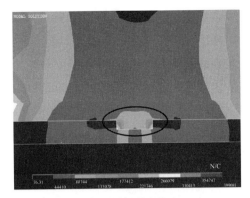

图 8.17 中心磁场强度分布

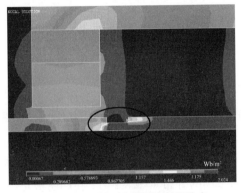

图 8.18 磁极侧磁通量密度分布

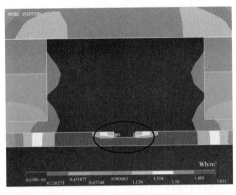

图 8.19 中心磁通量密度分布

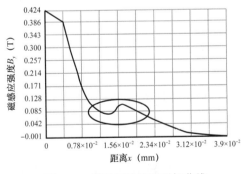

图 8.20 磁极侧缺陷漏磁场曲线

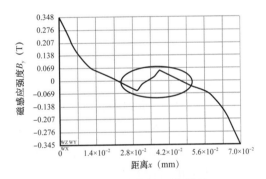

图 8.21 中心缺陷漏磁场曲线

便、计算简单等优点。因此在大多数的磁场分析中均采用磁化结构在静止状态下的分析方法，但是该方法却存在不足。

（1）分析思想与实际检测情况不符。

对于实际磁化结构，传感器位于磁化结构的正中心且相对于两磁极的距离保持不变，当检测时检测仪以 2mm 为间距对缺陷产生的漏磁场进行等间距采样，在整个的采样过程中，缺陷相对于两磁极的间距是不断改变的；而对于磁化结构在静止状态下的分析方法，首先要将缺陷固定在两磁极的正中心，再对其产生的漏磁场进行模拟，即在整个的模拟过程中，缺陷与两磁极之间的相对距离始终保持不变，从而导致实际的检测情况与模拟结果存在较大的差异。

（2）实际缺陷尺寸相对于模型间距并不能忽略。

由前面分析可知，磁化结构在静止状态下的分析方法适用于缺陷尺寸远小于磁极间距的情况，而对于实际腐蚀缺陷来说，有很多时候腐蚀缺陷的面积是很大的，此时两磁极对缺陷产生漏磁场的影响不可忽略。

（3）磁化结构在静止状态下的分析方法与漏磁检测的要求不符。

实际漏磁检测要求，在提取数据点处的钢板首先处于局部近饱和的磁化状态，其次还要求励磁场是一个不随时间变化的恒定磁场，因为只有这样才能对缺陷产生的漏磁场进行定性和定量分析。实际上，在两磁极的对称中心位置，可以认为励磁场为恒定磁场，而在靠近磁极的地方，励磁场却并不是恒定的。

（4）没有考虑涡流的影响。

实际检测中，磁化结构在起、停瞬间或是运动速度不均匀时，会使铁磁性平板上的励磁场产生不均匀的变化，这个不均匀变化会在铁磁性平板中产生涡流。磁化结构在静止状态下的分析方法没有考虑涡流对缺陷漏磁场分布的影响。

综上所述，要获得准确的漏磁场分布，必须考虑磁化结构的移动因素，即采用所谓的磁化结构在移动状态下的分析方法计算缺陷漏磁场的分布（图8.22）。在两磁极正中心、距离平板表面1mm处、沿磁铁方向建立路径，提取最后的仿真结果。在进行计算时，沿着检测方向，磁化结构相对于缺陷进行移动，其中每移动2mm对模型进行一次有限元分析，将分析结果按照预设的路径进行提取，最后将不同时刻的计算结果按提取的时间顺序汇集到一起即可得到缺陷的仿真漏磁场。从上面的内容可知，由于每个时刻都需要对模型进行一次有限元计算，因此该方法远远较磁化结构在静止状态下的分析方法复杂，但由于在整个模拟过程中，预设路径均在两磁极的正中心且相对被测缺陷的距离不断改变，这样即贴近实际的漏磁场空间分布，又满足漏磁检测对提取数据点处励磁场的要求。从而使得该方法优于磁化结构在静止状态下的分析方法。

进一步分析两种方法的差异。首先分别采用磁化结构在移动和静止状态下的漏磁场分析方法计算缺陷漏磁场的分布；再在实验室条件下，人为加工该尺寸缺陷，对其进行漏磁检测实验，通过实验的方式获得该缺陷的实际漏磁场空间分布；将两种方式的计算结果与缺陷漏磁检测实验的结果相对比，对两种方法的准确性进行研究。图8.23为三种方法获得的缺陷漏磁场分布，其中图8.23（a）至图8.23（d）分别为磁化结构在移动和静止状态下的漏磁场分析计算结果。图8.23（e）和图8.23（f）为实验采集到的缺陷漏磁信号，三种方法得到的漏磁场在腐蚀缺陷对称面上的水平和垂直分布曲线如图8.24所示。

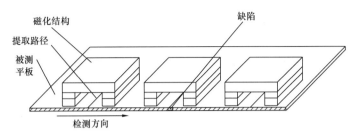

图 8.22　磁化结构在移动状态下的缺陷漏磁场分析方法示意图

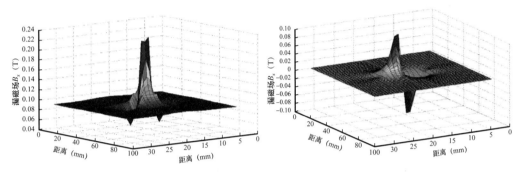

(a) 磁化结构在移动状态下磁感应强度水平分量计算结果　　(b) 磁化结构在移动状态下磁感应强度垂直分量计算结果

(c) 磁化结构在静止状态下磁感应强度水平分量计算结果　　(d) 磁化结构在静止状态下磁感应强度垂直分量计算结果

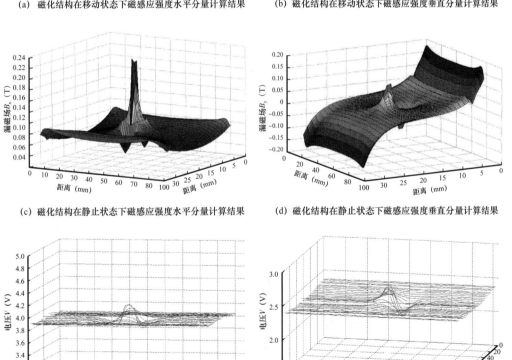

(e) 圆柱形腐蚀坑漏磁信号水平分量　　　　　　(f) 圆柱形腐蚀坑漏磁信号垂直分量

图 8.23　缺陷漏磁场分布

从图 8.23 和图 8.24 可以看出，采用磁化结构在移动状态下的缺陷漏磁场分析方法得到的磁通量密度分布曲线只在缺陷附近有变化，在缺陷的区域外侧趋于平缓；采用磁化结构在静止状态下的分析方法得到的漏磁场，在缺陷区域外靠近磁极的地方由于受到两磁极的影响，而导致磁通量密度分布曲线发生了严重的畸变；而实际产生的漏磁场只在缺陷上方有明显的起伏，在没有缺陷的地方除了一些噪声信号整体起伏很小，从而说明在缺陷处有漏磁通溢出平板表面。显然采用磁化结构在移动状态下的缺陷漏磁场分析方法获得的缺陷漏磁场更加贴近于实际缺陷漏磁场分布。

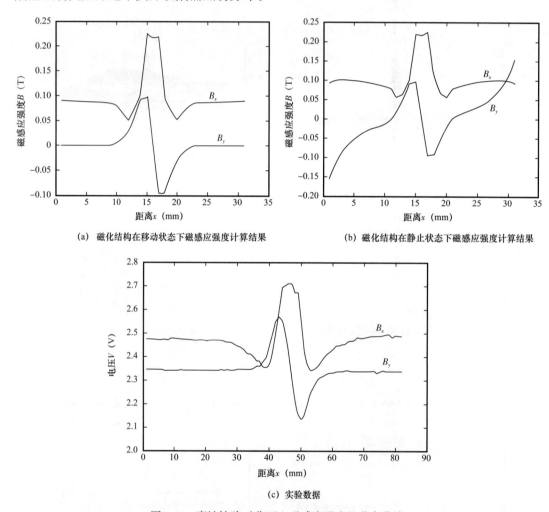

(a) 磁化结构在移动状态下磁感应强度计算结果　　(b) 磁化结构在静止状态下磁感应强度计算结果

(c) 实验数据

图 8.24　腐蚀缺陷对称面上磁感应强度的分布曲线

8.8　基于 VMD 的漏磁检测数据处理与分析

储罐作为常用的大型原材料存储设备，其安全生产运行是石油化工产业发展的基础保障，因此研究一种合理有效地储罐壁缺陷检测方法是极其重要的。首先对变分模态分解

（VMD）算法的噪声鲁棒性进行了分析，并分别与小波分解、经验模态分解（EMD）进行对比，验证了 VMD 算法在信噪比等方面的优势，尤其是在低频段信号的分解处理方面有明显的优越性。然后论述了漏磁检测法在储罐壁缺陷检测中的应用，并在实验室平台上通过漏磁检测实验验证了其可行性。最后结合 VMD 算法对储罐壁的漏磁检测信号进行分解重构，有效地分解出漏磁信号，达到了完美的去噪效果，验证了基于 VMD 算法的漏磁检测技术在储罐壁缺陷检测中的精准性和有效性。

8.8.1 罐壁漏磁探伤检测

基于 Maxwell 对漏磁检测原理进行仿真分析（图 8.25 和图 8.26）。

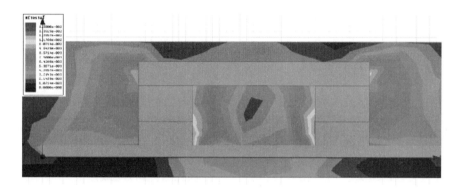

图 8.25 无缺陷时磁场强度分布图

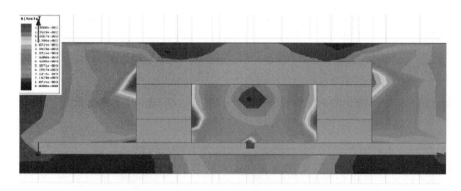

图 8.26 带缺陷时的磁场强度分布图

励磁源采用复合励磁的方式，复合励磁是基于直流励磁和永磁励磁检测方法的一种新型励磁方式，将直流励磁和永磁励磁结合，既可以用永磁体磁化被测工件，也可以通过改变电流的方式对磁化强度进行加强或者削弱。它既缓解了长期通电造成的发热损耗，也克服了永久励磁磁化强度不足的缺点，对于不同厚度的罐壁有着良好的适应能力。

8.8.2 VMD 的原理

变分模态分解（Variational Mode Decomposition）是由 Konstantin Dragomiretskiy 和

Dominique Zosso 于 2014 年发表在 IEEE 关于信号处理上的一篇文章中首次提出的，本质上 VMD 算法是经典维纳滤波在多个自适应波段的推广，并以迭代的方式来寻求变分模式的最优解，从而获得每个本征模态函数（Intrinsic Mode Function，IMF）相应的中心频率和带宽限制，在频域上分解出各中心频率所对应的有效成分，最终得出模态函数。相比经验模态分解（EMD）而言，能较好地抑制模态混叠现象。VMD 算法从本质上就不同于 EMD 算法，它是一种完全非递归的信号分解方法。假设每个模态"$u_k(t)$"都是具有不同中心频率的有限带宽，变分问题就能被看作是为了寻求 K 个 $u_k(t)$，使得每个模态的估计带宽之和最小，而它的约束条件是所有模态之和等于输入信号 f。该算法可分为变分问题的构造和求解，其中主要涉及三个重要概念：经典维纳滤波、希尔伯特变换和频率混合。

8.8.3 VMD 分解数值仿真研究

导致模态混叠现象的主要原因为诸如噪声之类的异常事件引起的间歇现象。因此，针对噪声干扰信号对 VMD 分解效果的影响进行了仿真分析，并将分离效果与 EMD 及小波分解进行了对比。针对 VMD 和 EMD 在分解时易产生的端点效应，采用镜像延拓的方法进行处理。

通过对 VMD 的理论分析，并与 EMD、小波分解方法进行对比，总结出 VMD 的优越性主要体现三个方面。

（1）VMD 可根据实际信号的频段分布人为地设定 IMF 的数量，即预设尺度 K 的值，避免了 EMD 的自适应性将信号过度分解，出现单频信号被分解为多个 IMF 的情况。

（2）VMD 是通过分解前设定带宽和迭代的方式获得中心频率 ω_k，针对不同的 ω_k 获得各自所对应的模态函数，从而避免出现相邻模态混叠的现象。

（3）虽然小波分解在处理非平稳性信号干扰方面具有独特的优势，但前提是能够准确地选择基函数。基函数的选择是否合适将对分解结果产生直接的影响，而小波分解中基函数种类繁多，使用时需要对不同信号分别进行讨论，因而实现起来比较困难。

但是，从 VMD 算法的原理可以知道分解的模态数 K 是预先设定的，设置合理的预设尺度 K 是分解的前提，K 值选取是否合适决定了对信号分解的可靠性。K 值过小会使得分解不完全，无法准确地提取所需的特征频率模态函数；反之会使得信号过分解，导致单频信号被分解成多个模态，并且处理速度会明显下降。

8.9 声发射检测与漏磁检测对比

（1）声发射检测技术应用于常压储罐的在线检测，可对罐底是否存在严重腐蚀和泄漏作出一定的判断，并对其进行定位；声发射检测技术作为储罐底板的一种"普查"检测方法，具有一定的预测性，通常可大大减少泄漏事故发生的概率。但其定位精度及结果可靠性方面仍需科研人员不断探索研究。

（2）漏磁检测技术的发展，形成了储罐底板全厚度内的腐蚀、穿孔等缺陷检测能力，尤其能检测储罐底板下表面腐蚀状态。可确定腐蚀的具体位置和程度，排除了人为因素，降低劳动强度，提高检测效率，可以很好地指导罐底板的返修工作，减小储罐底板返修的盲目性。但其检测灵敏度、检测能力等方面仍有待进一步提高。

（3）以上两种技术结合自动爬壁超声检测技术将成为储罐检测今后的必然发展趋势，可对常压储罐的完整性作出综合评价，对其安全稳定运行、减少和避免环境污染和最佳检修决策等提供安全的技术保障，具有非常广阔的应用前景。

（4）声发射检测技术、漏磁检测技术用于常压储罐在中国刚刚起步，在理论研究、技术水平、仪器性能、实际使用以及结果评价等方面远落后于国外发达国家。因此国内科技人员应在以后研究和实际应用中不断积累完善，提高中国常压储罐的综合检测能力，尽快缩小与国外的差距。

9 储罐防火与火灾对策

9.1 储罐火灾概况

9.1.1 国内储罐火灾概况

通过对国内商业储库、石油炼厂的储罐火灾进行调查，得到的结果表明，在全部储罐火灾中原储罐占 40%，汽储罐（包括轻污储罐）占 32%，柴储罐占 3%，重质油品储罐占20%。由此可知，闪点低于 28℃的油品储罐占全部发生火灾储罐的 72%。

发生火灾的原因中，明火引起占 64%，静电引起占 12%，储罐达到自燃点起火占8%，雷击引起占 12%，其他原因占 4%。

9.1.2 国外储罐火灾概况

在美国对 1500 次储罐火灾的统计中，原储罐占 50%，其他油品罐占 50%。储罐类型中，固定顶储罐占 45%，外浮顶储罐占 30%，内浮顶储罐占 20%，大部分火灾的发生是由静电引起的。

苏联对储罐火灾的调查表明，大部分储罐火灾不是发生在油田和油库，而是发生在石油炼厂，其中原油和汽储罐占 90%，其他油品储罐占 10%，而在储罐的类型中，固定顶储罐占的比例最大。40% 的火灾是由于雷击、电气设备火花、工艺装置使用明火而引起的，其中又有 1/3 的火灾是因为清洗、修理储罐而人为造成的。

对储罐火灾的调查表明，储存原油、汽油的固定顶储罐发生火灾的概率最高。

9.1.3 储罐火灾典型案例

9.1.3.1 案例 1

1989 年 8 月 12 日，黄岛某油库座 $2.5 \times 10^4 m^2$ 的半地下混凝土砖石结构的非金属储罐（长 72m、宽 48m、高 9m）发生爆炸起火，又引起其他相邻 4 个储罐着火，形成一片火海。630t 原油流入胶州湾，致使该地区 130km 长的海岸线受到不同程度的污染。火灾燃烧 104h，烧毁储罐 5 座，烧掉原油 36000t，油火流出 380m 之外，过火面积达 15000m²，经济损失达 3540 万元。为了扑救这次火灾，消防官兵 14 人牺牲，66 人受伤；油库职工 5人牺牲，12 人受伤。可以说这次火灾损失惨重，后果严重，教训深刻。

为什么会发生这样大的火灾呢？有其外因也有其内因。外因是储罐受到雷击产生感应火花，火花引起储罐的油气爆炸起火，造成储罐火灾的发生。

内因主要有以下几个方面。

（1）储罐结构不合理。这种结构的非金属储罐是20世纪60年代国内兴起的，为了适应当时钢材缺乏的情况而建造的，但是这种结构的非金属储罐存在着容易因雷电感应而产生火花的先天性缺陷。因为这种结构的储罐内钢筋和金属配件相互不连接，不能成为一个完整的导体，当受到雷击后，所产生的感应电流不能排除，钢筋与金属配件之间电压增大，产生火花，引起罐内油气燃烧爆炸。这种结构的储罐国内已经发生火灾20多起，充分说明这种储罐结构本身存在着致命的缺陷。因此这种非金属储罐不应再使用。

（2）油库缺乏自救能力。不能及时扑灭初起火灾，造成火势扩大，致使扑救困难。

（3）储罐设计的位置不合理。着火储罐是1974年建造的，当时为节约能源，便于自流，所以储罐居高临下建造。储罐着火爆炸后，油火因势利导，倾泻而下，形成一片火海，给扑救火灾带来许多困难。

（4）着火储罐安装的泡沫发生器首先受到破坏，根本没有起到灭火作用。

（5）油库内设置的消防车库、消防泵，因位于地势偏低的位置，在储罐着火后首先受到破坏，根本没有发挥其作用。

（6）消防车道路的设计不合理（该规划设计没有按规范进行）。消防车进入罐区困难，对扑救储罐火灾造成许多不便，给予火势蔓延的时间，延缓了灭火救援的时间。

（7）储罐上的阻火器选择不当（该规划设计选用老式金属网阻火器）。由于无人检查，阻火器内的金属网早已完全被腐蚀掉，成为空壳，形同虚设。储罐上的阻火器应选用波纹型阻火器。

9.1.3.2　案例2

1981年8月30日，英国南威尔士艾莫科炼油厂一座储存46376t原油的$10 \times 10^4 m^3$浮顶储罐发生爆炸起火，大火烧了三个昼夜，烧掉原油2500t，浮顶储罐及其附件全部烧毁。由于扑救及时，没有造成人员伤亡，但经济损失惨重。

这次大火的特点是在原油燃烧过程中发生两次原油沸溢，造成大量原油外溢，促使火势扩大，给扑救火灾带来许多困难。第一次储罐内原油沸溢是储罐着火后12h左右，造成大量原油流入防火堤内，形成一片火海，火灾迅速发展，过火面积达$16187m^2$，火焰高达百米。第一次原油沸溢后2h又发生第二次原油沸溢，使火灾范围进一步扩大，影响邻近储罐。

发生这次火灾的外因是距离储罐区30m外用于燃烧废气的放空火炬飞出炽热的炭粒引燃了储罐顶部聚集的油气，引起储罐着火。

内因主要有以下几个方面。

（1）浮顶储罐的初期火灾是易于扑救的，但因初期火灾没有得到有效控制而使火势扩大。

（2）这样大容量的储罐没有设置独立的防火堤，造成火势蔓延。

（3）储罐泡沫消防设计的泡沫量为200t，而实际灭火泡沫用量为763t，用水量为

12000t。设计用量与实际用量相差悬殊。

（4）储罐间距偏小。距着火储罐61m处的两个罐，在强大水流冷却保护下，还受到一定的威胁。

9.2　储罐选型与防火安全

9.2.1　储罐选型

多种型式的储罐被广泛用于石油化工企业。但是储罐选型与防火安全有什么关系，在选罐之前对这个问题应该慎重考虑，以达到安全、经济的目的。

石油化工企业发生的火灾中，因储罐引起的火灾最多，造成损失也最大。因此，对储罐选型应给予足够重视。

选择什么型式的储罐，首先应考虑到工艺上的使用要求和经济上的合理性，同时还要考虑到储罐的防火安全性，这样就把"先发制灾"与"后发制灾"有机地结合起来，做到先天可靠、后天有效的消防结合、事半功倍的安全方法。

选择什么型式的储罐更安全呢？由表9.1不同型式的储罐的防火安全性的比较就可以看出。

表 9.1　不同型式储罐防火安全性的比较

储罐型式	防火安全性（％）
理想储罐	100
固定顶储罐	35
氮封拱顶储罐	60
低压氮封储罐	70
呼吸顶储罐	60
球形储罐	70
浮膜式储罐	75
浮顶储罐	85

由以上的比较可知，储罐防火安全性的大小，主要取决于储罐内油气空间的大小。油气空间小，储罐内储存油品的蒸发空间小。油气空间大，储罐内储存油品的蒸发空间大，就容易形成大量易爆的混合气体，危险性大。因此减少油品蒸发空间就成为增加储罐安全性的重要手段。

当然，无损耗、无油气空间的理想储罐，目前尚不存在。

根据国外标准规定，把一个储罐周围分为三个危险程度不同的区域（图9.1）。

（1）Ⅰ区：存在有爆炸危险性的混合气体，随时都有发生爆炸的危险。

（2）Ⅱ区：在一般条件下，能存在有爆炸危险性的混合气。

（3）Ⅲ区：有存在爆炸危险性的混合气体的可能性或产生的时间很短。

图 9.1 中表示出固定顶储罐和浮顶储罐的Ⅰ区和Ⅱ区的危险区，Ⅲ区没有表示。

由图 9.1 可知，在Ⅰ区和Ⅱ区范围之内绝不允许发生火花，特别是Ⅰ区应严禁产生静电火花，并防止外部火源窜入罐区。

由此可知，选用浮顶储罐比其他型式的储罐防火安全性能更好，危险区的范围更小，储存轻质油品是损耗更小，因此，在选择储罐时，根据储存油品的性质和使用条件，应尽可能选择使用安全性能较高的储罐型式。对储存轻质油品最好选用浮顶储罐。

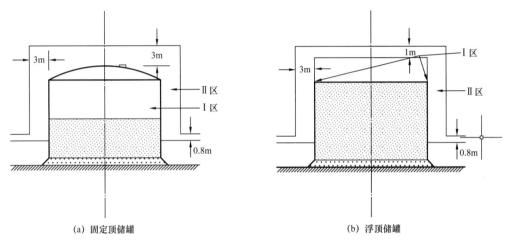

(a) 固定顶储罐　　　　　　　　　　　　(b) 浮顶储罐

图 9.1　储罐危险区的划分

9.2.2　储罐结构

石油储罐型式按其结构主要可分为固定顶储罐、外浮顶储罐和内浮顶储罐三种。

（1）固定顶储罐：立式圆柱形的储罐上，安装上固定顶盖。它可以储存闪点高于 28℃和闪点低于 120℃的各类油品，但要求固定顶储罐顶板与包边角钢之间的连接应采用弱顶结构，并设置相应的安全设备。

（2）外浮顶储罐（又称浮顶储罐）：储罐上的顶盖漂浮在油面上，是着油面上下浮动。它适用于储存闪点在低于 28℃的油品。

（3）内浮顶储罐：固定顶储罐在其罐内安装一个随着液面上下浮动的顶盖。它可分为双盘式浮顶（浮顶为浮仓式，浮仓之间由许多隔板相互隔开）、单盘式浮顶（浮顶局部安装浮仓）及浅盘式浮顶（浮顶为盘状无浮仓式的浮顶），其中浮仓式内浮顶储罐适用于储存闪点低于 28～45℃的各类油品。

9.3　固定顶储罐必备的安全设备

储存轻质油品的固定顶储罐应安装呼吸阀和阻火器。

9.3.1 呼吸阀

9.3.1.1 呼吸阀的选择

储罐呼吸阀主要用于储存闪点低于28℃的甲类和低于60℃的乙类油品，如汽油、煤油、轻柴油、苯、甲苯、原油及化工原料的储罐上，用以调节储罐内外压力平衡，降低油品损耗，保证储罐安全。它被广泛用于石油化工、交通运输等企业的储油系统上。

储罐呼吸阀规格大小的选择应根据储罐进出的最大油量进行（表9.2）。

表9.2 呼吸阀规格的选择

进出储罐的最大流量（m³/h）	<50	51～100	101～150	151～250	251～300	301～500	501～700
呼吸阀（个数×直径）（个×mm）	1×50	1×100	1×150	1×200	1×250	2×200	2×250

呼吸阀开启压力与通气量的选择：呼吸阀在操作压力下，其通气量应达到表9.3的规定。

表9.3 呼吸阀操作压力及通气量

压力等级（Pa）		不同公称通径的通气量（m³/h）				
		50mm	100mm	150mm	200mm	250mm
A	+355	25	90	190	340	550
	−295	20	75	160	280	450
B	+980	30	100	200	380	600
	−295	20	75	160	280	450
C	+1750	40	140	280	500	800
	−295	20	75	160	280	450

9.3.1.2 呼吸阀排气口的安全性

目前使用的储罐呼吸阀大部分采用排气口向下的结构，排出气体直接喷向储罐顶部。这种状况很不安全，通过以下试验说明了这种结构的不安全性。储罐呼吸阀试验采用浓度为10%的丙烷气与空气混合气体作为试验介质，流量100m³/h。混合气被点燃后，燃烧时间计30min。燃烧10min后，储罐呼吸阀接触面上的橡胶石棉垫开始熔化；20min后储罐呼吸阀的阀盘或膜瓣被烧坏或变形，强烈的火焰直接作用在储罐顶上；试验到25min后，储罐顶第5个热电偶的中心温度达1000℃。保持稳定燃烧后很短时间储罐顶局部变形，储罐顶部由于受高温作用引起储罐罐顶爆炸着火。

通过试验说明呼吸阀排气口向下排气是不安全的。由于雷击火花或外界火源的作用而引燃呼吸阀排出的气体，安装在呼吸阀下部的阻火器阻止了火焰回火，而在储罐呼吸阀排气口处形成了连续火焰。由于呼吸阀的排气口向下，形成的火焰直烧储罐顶部，存在着引起储罐着火爆炸的危险性。为了消除这种不安全因素，应采用二合一式防爆阻火呼吸阀，其排气口改为侧向，消除了事故隐患。二合一式防爆阻火呼吸阀外形尺寸见表9.4。

表9.4 二合一式防爆阻火呼吸阀外形尺寸

规格	ϕ_1（mm）	ϕ_2（mm）	H（mm）	h（mm）
DN50mm	140	110	255	130
DN100mm	205	170	373	198
DN150mm	260	225	480	242
DN200mm	315	280	547	276
DN250mm	370	335	648	329

9.3.1.3 呼吸阀开口处燃烧火焰高度

当储罐发生火灾时，由于相邻储罐得不到及时水冷却，造成相邻储罐急剧受热，导致储罐顶上的呼吸阀口排出大量油气，在呼吸阀出口处形成燃烧火焰。这样既容易使呼吸阀过热而被烧熔，同时也使储罐顶盖局部受热，迫使罐内油气压力大于外压，保持了呼吸阀出口处火焰稳定燃烧。火焰高度可按式（9.1）计算。

$$H_{\mathrm{f}} = \frac{\rho_{\pi} U_{\pi} \gamma^2}{4 D_{\mathrm{K}}} \frac{q_{\mathrm{O}_2}}{A_{\mathrm{O}_2}} \tag{9.1}$$

式中　H_{f}——火焰高度；

ρ_{π}——油气密度；

U_{π}——孔口处油气速度；

γ——孔口半径；

D_{K}——氧的扩散系数；

q_{O_2}——燃烧单位体积油气必需的氧量；

A_{O_2}——周围空气含氧浓度。

国外曾对液面为0.0038m²的通气管截钢制汽油储罐进行过试验。在储罐顶部安装直径为12mm短管，罐内油气由短管排出，进行点火试验，其结果证明实际测量与理论计算的开口处火焰高度相近，见表9.5。

表 9.5　储罐顶部短管开口处的火焰高度

温度（℃）		开口处火焰高度（mm）	
油温	油气空间温度	实测	计算
28	24	5	5.9
30	25	6.5	6.1
32	26	7	6.2
34	28	8	6.4
36	30	9	8.3
38	32	10	10.5
40	34	13	11.0
42	36	16	13.0

试验结果证明，应增强呼吸阀的耐烧性能，同时将呼吸阀的排气口由向下改为向上或侧向排气，这样更增加了储罐顶部的安全性。

9.3.2　阻火器

阻火器是阻止易燃气体和易燃蒸气的火焰和火花继续传播的安全装置。早在 1928 年开始使用于石油工业上，以后被广泛用于石油化工企业中。

石油储罐阻火器适用于储存闪点低于 28℃的甲类油品和闪点低于 60℃的乙类油品，如汽油、苯、甲苯、煤油、轻柴油、原油等。

9.3.2.1　阻火器阻火机理

大多数阻火器是由能够通过气体的许多细小均匀的或不均匀的通道和孔隙组成。这些通道和孔隙根据需要设计成不同形状的细小孔隙。这样，火焰进入阻火器内就被分成许多细小的火焰流，火焰由于传热作用和器壁效应而被熄灭。

（1）传热作用：阻火器能够阻止火焰继续传播而迫使火焰熄灭是靠传热作用。火焰通过许多细小通道之后变成若干细小火焰，由于若干细小的通道而增大了传热面积，通过通道壁进行热交换，火焰温度相对降低，火焰被熄灭。但是根据英国罗卜尔（M.Roper）对波纹型阻火器进行的阻爆试验证明，把阻火器材料的导热性能提高到 460 倍时，灭火直径（在此直径下火焰即可被熄灭）仅改变 2.6%。同时罗卜尔用涂胶褐色纸制成 6 个波纹型阻火器，经过 5 次试验获得成功。试验后看到了阻火器的破坏情况，仅仅是纸的前缘弯曲了，因而部分地堵塞了通路，但纸并没有被炭化。后又采用聚乙烯制成阻火器进行试验，取得了相类似的结果。因此阻火器材质的选择，传热性能并非主要，但是应考虑到价格、机械强度和耐腐蚀等性能。

（2）器壁效应：燃烧与爆炸连锁反应理论认为，燃烧与爆炸现象，不是分子间直接作用的结果，而是先经外来能源（热能、辐射能、电能、化学反应能等）的激发，使分子键受到破坏，产生具备了反应能力的活性分子才有可能发生反应。这些具有反应能力的分子发生化学反应时，首先分裂为十分活泼而寿命很短的自由基，化学反应是靠这些自由基进行的。自由基与另一分子起作用，作用的结果除了生成物之外还产生新的自由基。这些新自由基迅速参与分子的反应后又产生新的自由基。这样，自由基又消耗又产生，如此不断进行下去。但是自由基与器壁碰撞，在容器壁上化合成为分子，或自由基与杂质分子发生反应，降低了连锁反应。由此可知，随着阻火器通道尺寸的减小，自由基与反应分子之间碰撞概率也减少，而自由基与通道壁的碰撞概率反而增大，这样就促使自由基反应减低，当通道尺寸减少到某一数值时，这种器壁效应造成火焰不能继续燃烧的条件，火焰即行熄灭。

9.3.2.2 阻火器的型式

（1）金属网型阻火器：由单层或多层不锈钢网或铜网重叠组成。国内石油储罐上用过的金属网阻火器由 12 层 16～22 目铜网重叠组成。按照国标 GB 5908—2005《石油储罐阻火器》的要求，阻火器应具有阻爆性能和耐烧性能。

阻爆性能是阻火器阻止由于雷击或外部燃烧引起的火花或火焰进入储罐的能力。耐烧性能是阻火器在一定时间内承受火焰在阻火层表面燃烧而不发生回火的能力。

金属网型阻火器经测试达不到国标 GB 5908—2005 的要求，已被淘汰。

（2）波纹型阻火器：阻火层采用不锈钢、铜镍合金制成。波纹型阻火层有两种型式：第一种型式由两个方向折成波纹形薄板材料组成。波纹的作用是分隔成层，形成许多曲折的通道。另一种型式在两层波纹薄板之间加一层扁平薄板，形成许多三角形的通道，更利于熄灭火焰。这种型式阻火器被广泛用于石油储罐。按 GB 5908—2005 测试合格。其主要优点如下：

① 能阻止爆燃的猛烈火焰，并承受相应的机械或热力的能力。

② 流阻小，易于清洗和更换。

③ 适用范围广。

新型波纹型石油储罐阻火器规格，见表 9.6 和图 9.2。

表 9.6 波纹型石油储罐阻火器规格

公称通径 （mm）	A （mm）	B （mm）	C （mm）	D （mm）	质量 （kg）
50	140	110	220	236	6
80	185	150	280	270	12.8
100	205	170	325	274	19.5
150	260	225	427	288	25
200	315	280	496	306	35
250	370	335	593	320	46

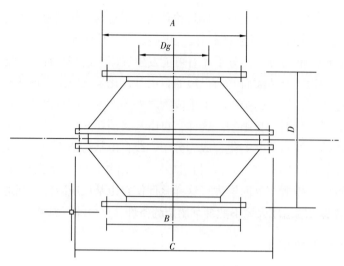

图 9.2　波纹型石油储罐阻火器外形图

9.3.3　液压安全阀

液压安全阀是安装在储存闪点低于 28℃ 的甲类油品和闪点低于 60℃ 的乙类油品储罐上的安全设备，以防止储罐呼吸阀失灵时，起到保护储罐安全使用的目的。液压安全阀是利用阀内液封高低控制压力，其定压值应高于呼吸阀定压值的 5%～10%。液压安全阀应与阻火器配套使用。

液压安全阀内灌装以蒸发性低、凝固点低的油品（如 25$^\#$ 变压器油、轻柴油等）作为液封。因此，阀内液封高低根据储罐控制压力决定。液压安全阀工作原理如图 9.3 所示。

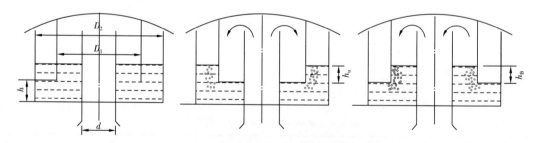

图 9.3　液压安全阀工作原理示意图

（1）储罐内压力处于平衡时，阀内外液封面处于同一高度。

（2）储罐内压力大于大气压力时，内环空间的液封被压入外环空间，罐内气体通过外环排入大气。

（3）储罐压力小于大气压力时，外环空间的液封被压入内环空间，空气由内环进入储罐内。

为了保证液压安全阀的使用，应经常检查阀内液封的高度，及时将液封油品加入阀内，以保持正常工作。

液压安全阀的设计，可根据试验式（8.2）进行计算。

液压安全阀内环直径：

$$D_1 = 2d \qquad （9.2）$$

式中　D_1——液压安全阀内环直径，m；

　　　d——液压安全阀通径，mm。

液压安全阀外环直径：

$$D_2 = d\sqrt{\frac{3h_B + 4h_U}{h_U}} \qquad （9.3）$$

式中　H_U——盛液槽内的液体在外环空间高度为 h 正，mm；

　　　H_B——盛液槽内的液体在外环空间高度为 h 负，mm。

液压安全阀隔板浸入液封内的高度：

$$h_M = \frac{h_B h_U}{h_B + h_U} \qquad （9.4）$$

液封用油柱高 = 水柱高度 ÷ 油的密度

液压安全阀底层液面高度：

$$h = \frac{3}{8}d \qquad （9.5）$$

液压安全阀的选择与储罐呼吸阀的选择一样，可参考表9.1。

9.4　对着火储罐顶盖破坏的预防

固定顶储罐着火时，由于发生爆炸而造成储罐顶盖飞掉，给灭火带来一定的困难。对国内储罐火灾的调查，储罐顶盖遭到破坏约占着火储罐的76%，其中大部分只沿储罐顶部圆周方向崩开不同大小的开口或将整个罐顶飞掉，造成火势扩大，给灭火工作带来许多麻烦。

为了预防储罐着火时顶盖飞掉，可在储罐顶盖上预留泄爆"开孔"（即薄弱的部分）。

9.4.1　储罐顶盖预留泄爆"开孔"的特点

储罐顶盖预留泄爆"开孔"，其特点在于储罐着火时，首先由储罐顶盖薄弱的预留开孔处泄爆，不会导致整个储罐顶盖飞掉，既利于灭火又利于控制火势。

由于储罐顶盖上预留有泄爆孔，原安装在储罐体上的泡沫发生器，也可以安装在储罐顶盖上，这样不但利于灭火，同时还可以提高储罐的储量3%～5%。储罐着火时由预留"开孔"处排出火焰，火焰尺寸减小，减弱了对相邻储罐的辐射强度，提高了储罐灭火效能，可节约灭火器材和人力。

9.4.2 储罐顶盖预留泄爆"开孔"的尺寸

储罐顶盖预留泄爆"开孔"的大小，取决于储罐容积和储罐内油气混合物的容积大小，可参考表9.7。

表 9.7 储罐顶盖预留泄爆"开孔"的尺寸

罐容（m³）	400	1000	5000	10000	20000
直径（m）	8.53	10.43	20.92	28.50	39.90
储罐周长（m）	26.80	32.77	65.72	89.54	125.35
油气空间容积（m³）	57.00	85.00	346.00	638.00	1250.00
开孔面积（m²）	7.12	8.71	17.47	23.80	33.32
开孔直径（m）	3.01	3.33	4.72	5.51	6.52

储罐预留泄爆"开孔"（薄弱部分）是在储罐顶部按照储罐容积设置不同规格的预留"开孔"。在预留"开孔"部位的周围的焊缝强度应低于罐顶其他部位的焊缝强度，一旦储罐着火，薄弱的焊缝处首先受到破坏，泄爆"开孔"被炸开，而不会使整个储罐顶部受到破坏。

9.5 地上储罐布置与防火要求

储罐应采用钢板焊制而成，造价低，便于施工和检修，使用寿命长。应根据储罐储存的油品种类分类储存，易燃油品与可燃油品应分组储存。每个罐组的总容积应根据储罐型式不同而确定。对于固定顶罐组的总容积，不应大于120000m³，对于浮顶、内浮顶罐组的总容积，不应大于200000m³。

一个罐组应由几个储罐组成，首先应考虑到发生火灾的概率。储罐个数愈多，发生火灾的概率愈高。为了便于控制火灾在一定范围，便于扑救和减少损失，规定每个罐组内的储罐个数不应多于12个，而单罐的容积均小于1000m³。但对于储存闪点大于120℃的油品的储罐不受此规定的限制。

储罐组内储罐的排列，首先应考虑到发生火灾时便于扑救为原则，所以规定罐组内的储存易燃液体的储罐，不应超过2排；但对单罐容积小于或等于1000m³的储存闪点大于120℃的油品，不应超过4排，其中润滑储罐的单罐容积和排数不限。

9.5.1 储罐间距

储罐间距的确定根据 GB 50160—2008《石油化工企业设计防火规范》条文说明，主要考虑如下因素。

（1）储罐着火概率比较低。

根据过去储罐火灾的统计资料，从1949年至1976年8月储罐年火灾概率仅为

0.47‰。1982 年 2 月调查统计的储罐年火灾概率为 0.448‰。大部分储罐火灾发生的原因是由于不遵守防火安全规定和违反安全操作规程而引起的，因此必须以严格管理为主，不能因此而加大储罐间距。

（2）储罐起火对相邻储罐的影响。

储罐起火后，能否引燃相邻储罐爆炸起火，视该罐破裂和油品溢流情况而定。若着火储罐只掀开顶盖，罐完好，油品没有外溢，就不会引燃相邻的储罐。例如东北某厂一个轻柴储罐着火历时 5h 才扑灭，相距约 2m 的邻罐未被引燃。上海某厂一个储罐起火 20min，相距 2.3m 的储罐并未引燃。只要对着火储罐和相邻储罐及时冷却保护，降低温度，达不到油品燃点是不会引燃相邻储罐的。

（3）消防操作要求。

由于消防水冷却使其引燃相邻储罐的可能性很小，也不能因此而将储罐间距变得很小。因为要考虑到对着火储罐的灭火和对储罐冷却保护操作场地要求，一是消防人员用水枪冷却储罐时，水枪喷射角度在 50°～60°，保护范围 8～10m；二是还要考虑储罐上的泡沫发生器受到破坏时，要采取应急措施，使用移动式灭火设备。当储罐间距为 0.4D 时，可以满足消防要求。

（4）储罐间距。

目前国内炼厂和石油化工厂内的储罐间距为罐直径的 0.5～0.7 倍，对中间罐区的储罐间距只有 2～4m，多年实践证明是可行的。

浮顶储罐本身的结构特点，不存在油气空间比固定顶储罐安全，因此储罐间距应该缩小，较为合理。

9.5.2　国内外储罐间距

9.5.2.1　国内储罐防火间距

国内储罐防火间距见表 9.8。

表 9.8　罐组内相邻地上储罐间距

闪点 （℃）	固定顶罐		浮顶罐 内浮顶罐	卧式储罐
	≤1000m³	>1000m³		
<28 <60 (28, 60)	0.6D（固定式消防冷却） 0.75D（移动式消防冷却）	0.6D，但不宜大于 20m	0.4D，但不宜大于 20m	0.8m
[60, 120]	0.4D 但不宜大于15m		—	
>120	2m	5m		

为了保证储罐区的安全，在储罐外修筑防火堤，在防火堤外应设环形消防车道。消防车道应达到以下规定：

（1）任何储罐中心至不同方向的两条消防车道的距离，均不应大于 120m。

（2）当仅一侧有消防车道时，车道至任何储罐中心，不应大于 80m。

（3）高架罐的防火间距，不应小于 0.6m。

9.5.2.2　国外储罐防火间距

国外储罐防火间距见表 9.9。

表 9.9　国外储罐间距

规范名称	闪点划分和罐容	固定顶罐	浮顶罐
美国国家防火协会规范（NDPA-30）	Ⅰ类（<37.8℃） Ⅱ类（37.8℃～<60℃） 当 $D<45m$ 当 $D>45m$ ①有堤内存油 ②有事故存油池	 $1/6（D_1+D_2）$ $1/3（D_1+D_2）$ $1/4（D_1+D_2）$	 $1/6（D_1+D_2）$ $1/4（D_1+D_2）$ $1/6（D_1+D_2）$
	Ⅲ类（60℃～<93℃） $D>45m$ ①在堤内存油 ②有事故存油池	 $1/4（D_1+D_2）$ $1/6（D_1+D_2）$	 $1/4（D_1+D_2）$ $1/6（D_1+D_2）$
俄罗斯《石油和石油制品仓库设计标准》	≤45℃	≤0.75D 并≥30m	
	>45℃	≤0.5D 并≥20m	
日本消防法《危险物安全规则》	<21℃ 21～70℃ >70℃	$1.0D$ $2/3D$ $1/2D$	
英国石油化学公司《工程实用规范》	$D≤10m$ $D>10m$ $D<48m$ $D≥48m$	不限 $1/2D$ — —	不限 — 0.3D 但不小于 10m，不大于 15m 0.5D 单不小于 10m，不大于 15m
法国第 1305 号公报《石油及其衍生物和渣油加工厂的布置和管理》	<55℃ 55℃～<100℃ ≥100℃	$0.5D$ $0.2D$ 最小 2m ≥1.5m	

9.6　储罐的防雷

雷电对储罐的危害性很大，因为雷电放电时能产生高达几万伏或数十万伏的冲击电压，足以使储罐受到严重破坏，引起储罐的爆炸与燃烧。雷电除了有此电效应外，还相产生热效应和机械效应。

（1）热效应：雷电产生上百千伏的强大电流，通过导体转换成强大的热能，雷击点发热能量可达 500～2000J，这样高的温度极易引起火灾。

（2）机械效应：雷击产生极大的冲击波，具有很强的机械压力，对被雷击物体造成毁灭性的破坏。

9.6.1　国外对油防雷的措施

（1）对于固定顶储罐。美、英、德、日及苏联等国的防雷规定如下：只要储罐顶部钢板达到一定厚度，储罐上装有呼吸阀和阻火器，同时储罐体具有很好接地，就不需要安装避雷针。因此金属储罐顶板的厚度是关键的因素，但各国对其要求也不尽相同。美国要求储罐顶部钢板厚度大于或等于 4.75mm，日本要求 3.2mm，苏联要求大于或等于 4mm。

（2）对于浮顶储罐。各国大都一致，不需要安装专门的防雷装置，只要将浮顶与罐壁之间进行良好的连接，并将储罐体很好接地，则可达到防雷要求。

9.6.2　国内对储罐防雷的规定

储罐防雷是保证储罐安全的重要环节。对于储存闪点小于 28℃和小于 60℃的石油产品的储罐，应按照以下规定设计防雷措施。

（1）装有阻火器的地上固定顶钢储罐。

当储罐顶板厚度大于或等于 4mm 时，可不装设避雷针（线）。当储罐顶板厚度小于 4mm 时，应装设避雷针（线）。避雷针（线）的保护范围，应包括整个储罐。

曾对钢制储罐顶部进行过雷击模拟试验。模拟雷电流的幅值由 146.6～220kA（能量为 133.4～201.8J），钢板熔化深度为 0.076～0.352m。考虑到各种不利因素，如钢材的不均匀性、钢板腐蚀等，所以罐顶钢板厚度不小于 4mm，对防雷是足够安全的。同时国内实际的情况和对储罐多年使用也证明了这一点。

（2）浮顶储罐可不设避雷针（线）。

浮顶储罐由于浮顶上的密封严密，浮顶上面集聚油气较少，一般均达不到爆炸下限，即使雷击着火，也只发生在密封圈周围不严处，易于扑灭，可不装设避雷针（线）。为了防止感应雷，同时为了导走金属浮顶上的静电荷，应采用两根截面不小于 $25mm^2$ 的软铜线将金属浮顶与罐体进行良好的电气连接。

（3）钢制储罐必须做防雷接地。

其接地点不应少于两处，接地点沿储罐周长的间距不宜大于 30m，接地电阻不宜大于 10Ω。

（4）对储存油品闪点的要求。

闪点大于 60℃和小于 120℃的油品储罐，可不设避雷针（线），但必须设防感应雷接地，接地电阻不宜大于 30Ω。

9.7 储罐火灾的对策

储罐发生火灾时，应该由消防队负责统一指挥进行灭火战斗。作为火场指挥既要精通各种灭火战术，又要临场沉着，机敏灵活，并能根据火场实际情况，当机立断，决定对策。同时，还能合理地调动人员和正确使用各种灭火器材，有胆量、有魄力地组织灭火工作，以确保灭火工作的顺利进行。

为了指挥得当，达到迅速灭火，必须完成以下各项工作。

（1）火场勘察。

为了完成扑灭储罐火灾的任务，应了解如下情况。

① 燃烧储罐和相邻储罐储存的油品种类、数量、油面高低、水垫层的高度。

② 燃烧储罐被破坏的部位。

③ 燃烧储罐的防火堤是否良好，假若燃烧的储罐被破坏，是否会影响邻近的储罐。

④ 燃烧储罐是否会发生沸溢，罐内油品能否排除。

⑤ 储罐区内的排水系统是否畅通，应检查排水口及水封装置是否良好。

⑥ 现有的固定式或移动式泡沫灭火设备的现状，已存泡沫液数量。

⑦ 友邻单位的灭火设备的情况，能否给予支援。

⑧ 最大供水量。

⑨ 若燃烧储罐发生爆炸时，对相邻建筑物或构筑物的影响如何，应采取哪些完善措施以防止火势扩大的可能性。

（2）储罐冷却。

扑救燃烧储罐火灾，首先使用水枪进行冷却，同时还要冷却燃烧储罐的相邻储罐。

第一支水枪首先冷却燃烧储罐，然后再冷却相邻储罐。冷却燃烧储罐一直到完全熄灭为止。

对相邻储罐可以采取高架水枪冷却。加强储罐冷却可提高泡沫灭火效率，减少泡沫破坏，以达到迅速灭火的目的。

（3）泡沫灭火的准备和使用。

泡沫灭火必须以最短时间内向着火储罐供给泡沫，泡沫供给量越大，供给速度越快，灭火效率越高；延长燃烧时间不仅给灭火工作造成困难，同时还会增加对邻近储罐的危险性，尤其是大容量储罐更应加速供给泡沫，不但对灭火有利、同时还会降低对邻近储罐的威胁。

在进行泡沫灭火之前，应了解以下情况：

① 是否有足够的泡沫液和泡沫灭火设备。

② 对已有的泡沫液及泡沫灭火设备是否进行过仔细检查。

③ 有否移动式泡沫灭火设备。

④ 消防人员能否熟练操作泡沫灭火设备。

⑤ 泡沫用水量是否有保证，水源是否可靠。

对于罐区防火堤内燃烧的油品，应及时用泡沫扑灭。假若一个罐区内同时有几个储罐着火，若对着火的几个储罐同时灭火，由于泡沫灭火设备不足和人力不足，应集中全部泡沫灭火设备和人力对位于上风方向或对邻近储罐威胁最大的储罐进行灭火。

着火储罐经过泡沫扑救，燃烧停止之后，为了防止罐内油品复燃，应继续供给泡沫5~10min。必须对储罐内整个已燃烧的油面全部用泡沫覆盖，同时应继续冷却罐壁、直到使油温降到常温为止。

地上式固定顶储罐的罐顶或罐体局部受到破坏时，给灭火增加了许多困难，可采取以下两种方法进行泡沫灭火。

① 可从着火储罐开口处向储罐内供给泡沫，或在罐体上临时开口，进行泡沫灭火。

② 根据着火储罐的油品性质，可按具体情况，将罐内油品输入到另外一个储罐。

地上储罐的管线和阀门因破裂发生着火，可以使用泡沫灭火，同时可将发生事故的一段管线放空。

对于地下或半地下式混凝土储罐发生的火灾，由于结构不同，可相应采取如下措施。

① 尽快地将燃烧储罐底部的水层和油品排出（闪点低于28℃的油品例外）。

② 着火储罐应及时进行泡沫灭火，要从上风向，向罐内喷射泡沫。当储罐顶部受到破坏形成孔洞时，可采用移动式泡沫灭火系统。

③ 混凝土储罐着火容易形成"死区"，使泡沫灭火的时间延长，因此，应考虑加大泡沫量。

④ 为了防止混凝土储罐灭火之后再复燃，灭火后仍应继续供给泡沫3~5min，但泡沫供给强度可降低至原来量50%~40%。

（4）对相邻储罐及建筑物的影响。

处于着火储罐下风向的相邻储罐将受到直接威胁，处理不好，容易促成火势扩大，增加灭火工作的难度，因此，要采取相应措施是完全必要的。

① 要了解相邻储罐的结构和性能，是否会发生罐体变形，相连的阀门配件是否可靠。

② 应加强对相邻储罐的冷却。

③ 储存重质油品的储罐是否会发生沸溢，估计发生沸溢时间，有否可能会使火势扩大而威胁相邻建筑物的可能性。

④ 应了解相邻建筑及构筑物的工艺特性，便于决定采取何种有效方法才能达到安全目的。

⑤ 尽快切断相邻建筑物的工艺联系。

⑥ 对于重质油品的储罐，为了预防发生沸溢而影响相邻储罐，可准备推土机、电铲，作为预防防火堤断裂时的应急之用。

（5）资料收集。

① 储罐发生火灾的客观情况何人从何处目击火灾的发生；开始着火时间；当时天气情况；储罐着火时的风向及估计风向；储罐配件是否完好；储罐顶部是否受到破坏；储罐直径及油位高低；储罐内油品性质及含水情况，油品是否会发生沸溢；储罐发生沸溢估计时间；着火源及有关火源起因；着火时储罐是否在运转。

②准备情况消防人员到来之前操作人员采取了什么措施；管理人员何时到达；消防人员何时到达；外援消防人员何时到达；带来何种装备，停在什么位置，何时开始使用。

③油品倒罐情况倒罐油品性质；油泵何时开始抽油；油泵流量多大；何时停泵；停泵后储罐油位高度。

④消防冷却与灭火过程消防冷却水何时开始供水；冷却水枪数量及规格；泡沫设备的规格及数量；泡沫设备开始使用时间；着火储罐着火多少时间后开始供给泡沫；使用泡沫种类，泡沫用量；现存泡沫总量；现存总水量；着火储罐被控制时间；着火储罐灭火时间；停止使用泡沫的时间；储罐灭火后泡沫的总用量；冷却水总用量；储罐经济损失情况；应吸取的教训等。